우 리 에 게 는
다 양 한
우 주 가
필 요 하 다

삶을 아름답고 풍부하게 만드는 7가지 우주에 관하여

우리에게는 다양한 우주가 필요하다

The Accidental Universe

앨런 라이트먼 지음 | 김성훈 옮김

다산초당

일러두기

-본문의 각주는 ●로, 미주는 숫자로 표시했습니다. 각주는 옮긴이 주, 미주는 지은이 주입니다.

-본문에 언급된 책들 가운데 국내에 번역 출간된 책은 한국어판 도서명을 우선으로 표기했습니다.

시작하는 글

2012년 10월, 나는 매사추세츠공과대학교의 대형 강당에서 달라이 라마Dalai Lama의 강의를 들었다. 세계적인 영적 지도자인 달라이 라마는 현대 과학의 신전 안에서 가부좌를 틀고 강의를 했다. 그가 그 상태로 아무런 말을 하지 않았어도 그 순간은 매우 의미심장했을 것이다.

달라이 라마는 강연에서 티베트 불교의 핵심 개념인 '공空, emptiness'에 대해 그 무엇보다 많은 이야기를 했다. 이 개념에 따르면 물리적 우주에 존재하는 물체들은 고유하고 독립적인 존재가 아니라 공허한 것이며, 여기에 부여된 모든 의미는 우리가 마음속에 빚어놓은 구성물과 생각에서 비롯된 것이라고 한다. 그러나 한 사람의 과학자로서 나는 원자와 분자가 실재하며(원자와 분자는 사실 대부분 텅 빈 공간으로 이루어져 있지만) 우리의 마음과 독립적으로 존재한다고 확고히 믿는다. 반면 나는 분노나 질투, 모욕을 경험할 때 나 자신이 얼마나 괴로운지 직접 겪어보았다. 이런 것들은 모두 내 마음이 만들어낸 감정 상태다. 마음은 분명 그 자체로 하나의 우주다. 존 밀턴John Milton은 『실낙원Paradise Lost』에 다음과 같은 글을 남겼다. "마음은 지옥을 천국으로도 만들 수 있고, 천국을 지옥으로도 만들 수 있다."

1.35킬로그램의 신경세포 덩어리 안에 갇힌 채 이해할 수 없고 덧없기까지 한 존재의 의미를 끊임없이 찾아 헤매는 우리에게 실재를 가려내는 일은 가끔 버겁게 느껴진다. 우리는 존재하지도 않는 것을 만들어내거나 실제로 존재하는 것을 무시할 때가 많다. 우리는 우리 마음, 그리고 외부에 실재하는 것reality들에 대한 개념에 질서를 부여하려 한다. 또한 실재와 연결되려 애쓰고 진리를 찾아내려 애쓴다. 우리는 꿈을 꾸고, 또 바란다. 그리고 이렇게 애쓰면서도 내심 혹시나 내가 눈으로 보고 이해하는 세상이 사실은 전체의 아주 작은 부분

에 불과한 것은 아닐까 하는 의심에 끝없이 시달린다.

현대 과학은 분명 우리 감각으로는 보이지 않는 숨겨진 우주를 밝혀냈다. 예를 들면 이제 우리는 우주가 라디오파나 X선과 같이 우리 눈에는 보이지 않는 빛의 '색깔'로 가득 차 있음을 알고 있다. 1970년대 초반 최초의 X선 망원경이 하늘을 향해 열렸을 때 사람들은 우주가 기존에는 보이지도 않고 알려지지도 않았던 천체들로 가득 찬 것을 보고 깜짝 놀랐다. 또한 시간은 절대적이지 않으며, 시간의 속도는 시계의 상대속도에 따라 달라진다는 사실도 안다.• 일상에서는 시간의 경과에 따라 나타나는 속도의 불일치를 알아차리기 힘들지만, 아주 민감한 장치를 통해 그런 차이를 확인할 수 있었다. 나아가 사람과 다른 모든 형태의 생명체를 만들어내는 일종의 지시 사항, 즉 유전 정보가 우리 몸속의 작은 세포에 들어 있는 나선 모양 DNA 분자 속에 부호화되어 있음을 알아냈다. 이처럼 과학은 인간의 존재 의미를 밝혀내지는 못했지만 그 장막의 일부는 걷어냈다.

• 기존의 뉴턴 역학에서는 시간과 공간을 절대적인 기준이자 물리 현상이 일어나는 무대라 여겼으나, 아인슈타인의 특수상대성이론 이후로는 시간과 공간 역시 관찰자의 상대속도에 따라 변화하는 물리량임을 알게 되었다.

우주를 의미하는 단어 'universe'는 '하나'를 의미하는 라틴어 'unus'와 '어떤 상태가 되다turn'라는 의미를 지닌 'vertere'의 과거분사 'versus'가 결합해 만들어졌다. 따라서 'universe'의 본래 의미는 '모든 것이 하나가 된 상태everything turned into one'다. 지난 2세기 동안 이 단어는 물리적 실재physical reality의 총체를 의미하는 말로 사용되었다. 이 책의 1장 「우연의 우주」에서는 다중의 우주multiple universes, 다중의 시공간 연속체multiple space-time continuums, 3차원 이상의 우주가 존재할 가능성에 대해 이야기하고 있다. 하지만 'universe'의 뜻처럼 설사 단 하나의 시공간 연속체, 단 하나의 '우주'만 존재한다고 해도 나는 하나의 우주 안에도 일부는 보이고 일부는 보이지 않는 여러 개의 다른 우주가 존재한다고 주장하고 싶다. 앞에서 이야기한 것처럼 우리 주변에는 과학으로 설명할 수 있는 물리적 우주와 과학으로 설명할 수 없는 마음의 우주가 함께 존재하기 때문이다. 이 세상에는 분명 우주에 관한 서로 다른 수많은 관점이 존재한다.

이 책은 그중 7가지 관점을 탐험할 것이다. 이 탐험을 통해 우리는 과학과 종교 사이의 대화, 영원을 갈구하는 인간의 욕망과 자연의 덧없는 본질 사이에서 빚어지는 충돌, 인간의 존재가 그저 하나의 우연에 불과할 가능성, 현대 기술이 우리가 세상을 직접 경험하지 못하도록 단절하고 있는 상황에 대해 생각할 수 있다. 나아가 거대한 공간 속에 서 있는 작은 존재로서, 우주를 어떻게 받아들여야 하는지에 대한 답을 찾을 수 있을 것이다.

차례

1

우연의 우주

이제 우주는 추측의 영역으로 향한다

The Accidental Universe

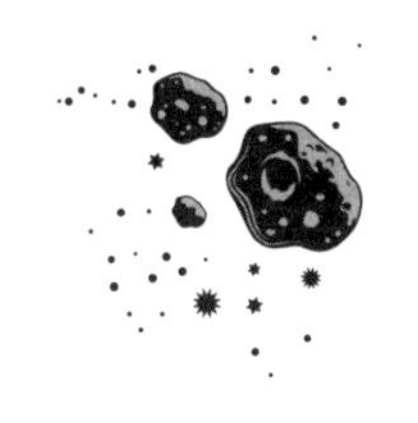

기원전 5세기에 철학자 데모크리토스Democritos는 모든 물질은 더 이상 쪼갤 수 없는 작은 원자로 이루어져 있다고 주장했다. 그리고 이 원자들은 다양한 크기와 질감을 갖고 있어서 어떤 것은 딱딱하고, 어떤 것은 부드럽고, 어떤 것은 매끄럽고, 어떤 것은 가시가 돋아 있다고 했다. 하지만 원자 그 자체는 기정사실 또는 '최초의 시작first beginnings'으로 받아들였다. 19세기 들어 과학자들은 원자의 화학적 속성이 주기율표에서 나타나듯, 주기적으로 반복된다는 것을 발견했다. 하지만 어째서 그런 유형이 생겨나는지는 여전히 의문으로 남았다. 20세기로 접어들어서야 과학자들은 원자핵의 궤도를 도는 아원자입자subatomic particle•인 전자electron의 개수와 위치에 의해 원자의 속성이 결정된다는 사실을 알아냈다. 그리고 그 뒤로 현대물리학은 이와 관련된 세부 사항들을 아주 높은 정확도로 밝혀냈다. 이제 우리는 헬륨보다 무거운 모든 원자는 항성의 핵 용광로에서 만들어졌음을 안다.

사실 과학의 역사란 한때 '기정사실'로 받아들여졌던 현상을 기본적인 인과관계와 원리를 이용해 이해 가능한 현상으로 새롭게 선보이는 과정이라 할 수 있다. 이런 과정을 통해 완전히 설명된 개념들의 목록에 새로운 항목이 추가된다. 하늘의 색깔, 행성의 궤도, 배가 호수를 가로지르며 물 위에 남기는 자취의 각도, 육각형 형태의 눈송이, 하늘을 나는 겨울새의 무게, 끓는 물의 온도, 빗방울의 크기, 태양의 둥근 형태 등이 대표적이다. 이것 말고도 다른 수많은 현상이 한때는 시간이 시작되는 순간부터 정해져 있거나, 그 이후에 무작위로 일어난 사건의 결과라 생각되다가, 결국에는 우리 인간이 발

• 원자를 구성하는, 원자보다 더 작은 입자를 말한다. 양성자, 중성자, 전자, 쿼크quark 등의 소립자가 여기에 해당한다.

견한 기본적인 자연의 법칙에 의해 생겨난 필연적인 결과라고 설명되었다.

과학에서 오랫동안 이어져 내려온 이 매력적인 연구 과정이 어쩌면 막을 내리게 될지도 모르겠다. 우주론 분야에서 새로운 발견과 사고방식이 극적으로 펼쳐짐에 따라 세계적으로 손꼽히는 물리학자들은 우리 우주가 터무니없이 다양한 속성을 갖고 있는 엄청나게 많은 우주 중 하나에 불과하며, 우리가 살고 있는 특정 우주의 가장 기본적인 속성 중 일부는 그저 주사위를 무작위로 던져서 나온 우연의 결과일 뿐이라는 의견을 내놓았다. 이러한 의견이 사실이라면, 우주의 다양한 속성들을 기본적인 인과관계와 원리로 설명할 수 있으리라는 희망은 이제 사라진 것이다.

서로 다른 우주들이 얼마나 멀리 떨어져 있는지, 또는 이 우주들이 시간상으로 동시에 존재하는지를 말하기는 불가능할지도 모른다. 하지만 물리학의 새로운 이론들이 예측하는 바에 따르면, 수많은 우주가 아주 다른 속성을 띠고 있는 것은 거의 분명하다. 어떤 우주는 우리 우주처럼 항성과 은하계를 갖고 있을 테지만, 그렇지 못한 우주도 있다. 어떤 우주는 크기가 한정되어 있을 수도 있고, 어떤 우주는 무한할 수도 있다. 어떤 우주는 5차원 또는 17차원으로 존재할 수도 있다. 물리학자들은 이런 우주들을 통틀어 '다중우주multiverse'라고 부른다. 마치 로버트 하인라인Robert Heinlein의 공상 과학소설에서나 나올 법한 단어다.

우주론적 사고방식의 개척자인 물리학자 앨런 구스Alan Guth는 이렇게 말한다. "다중의 우주multiple universe라는 개념은 기본 원리를 통해 세상을 이해하려는 우리의 희망을 심각하게 제한하고 말았습니다."[1] 과학의 철학적 기풍이 뿌리째 뽑혀버린 것이다. 말을 꺼낼 때도 수학 계산을 할 때만큼이나 신중하기 짝이 없는 노벨 물리학상 수상자 스티븐 와인버그Steven Weinberg는 얼마 전 내게 이렇게 말했다. "우리는 지금 인류가 자연의 법칙을 이해하기 위해 걸어왔던 길이 새로이 갈라지는 역사적 분기점에 서 있습니다.[2] 만약 다중우주 개념이 옳다면 기초 물리학의 연구 방식은 근본적인 변화를 겪게 될 것입니다."

와인버그가 말하는 '역사적 분기점' 때문에 가장 괴로운 과학자는 이론물리학자들이다. 이론물리학은 과학에서 가장 심오하고 순수한 분야이며, 철학 및 종교와 얼굴을 맞대고 있는 과학의 전초기지다. 실험과학자들은 우주를 관찰하고 측정하며 우주에 어떤 것들이 존재하는지 알아내는 일에 집중한다. 비록 그것이 제아무리 이상한 것이라 해도 말이다. 반면 이론물리학자들은 그저 우주를 관찰하는 것만으로는 만족하지 못하는 사람들이다. 그들은 우주의 이유를 알고 싶어 한다. 그들은 몇 가지 기본 원리와 매개변수만으로 우주의 모든 속성이 설명되기를 원한다. 또한 이 기본 원리들이 다시 '자연법칙law of nature'으로 이어지고, 이 자연법칙이 모든 물질과 에너지의 행동을 지배하기를 꿈꾼다.

1632년에 갈릴레오 갈릴레이가 처음 제안하고, 1905년에 알베르트 아인슈타인이 확장시킨 물리학 기본 원리의 한 예를 들면 다음과 같다. '서로 일정한 속도로 움직이는 모든 관찰자에게 자연법칙은 동일하게 관찰된다.' 아인슈타인은 이 간단한 원리로부터 특수상대성이론special relativity을 통째로 이끌어냈다. 기본 매개변수의 예로는 전자의 질량을 들 수 있다. 전자는 자연에 존재하는 20여 개의 기본 소립자elementary particle 중 하나다. 물리학자들로서는 기본 원리와 매개변수는 숫자가 적을수록 좋다. 이 분야의 밑바탕에는 항상 다음과 같은 바람과 신념이 깔려 있다. 즉 이 기본 원리들은 매우 제한적으로 작용하기 때문에 자기모순self-consistent이 없는 우주는 오직 하나만 존재할 수 있다는 것이다. 십자말풀이 퍼즐의 해답이 오직 한가지인 것처럼 말이다. 그리고 그 하나의 우주는 당연히 우리가 지금 살고 있는 이 우주여야 했다. 이론물리학자들은 플라톤주의자•들이다. 몇 년 전까지만 하더라도 이들은 우주가 하나밖에 없다고 생각했다. 이 우주 전체는 몇 가지 대칭성의 원리와 수학적 진리로부터 생성되었으며, 아마도 그 과정에서 전자의 질량 같은 몇 가지 매개변수가 보태졌으리라 믿었다. 우리는 우주에 대한 통찰에 거의 다가선 듯 보였고, 그 안에서 모든 것이 계산되고, 예측되고, 이해될 수 있을 듯했다.

하지만 현재 '영원한 급팽창이론eternal inflation theory'과 '끈이론string theory'이라는 두 과학 이론에서는 자연법칙들을 이끌어낸 똑같은 기본 원리들이 서로 다른 속성을 지니면서도 자기모순이 없는 수많은 다른 우주를 낳을 수 있다고 말한다. 이것은 마치 신발가게로 들어가서 발 크기를 재보았더니, 240밀리미터의 신발도 맞고, 260밀리미터도 300밀리미터도 똑같이

• 이론물리학자들을 플라톤주의자라고 이야기하는 것은 영원불변하는 사물의 본질이자 원형인 이데아를 주창한 플라톤처럼 이론물리학자들 역시 우주 만물의 근원인 몇 가지 기본 원리가 존재한다고 믿기 때문이다.

잘 맞는 상황과 같다. 이런 맥 빠지는 결과는 이론물리학자들을 대단히 불행하게 만들고 있다. 분명 자연의 기본 법칙이 내놓은 정답은 하나가 아닌 듯하다. 우리 우주는 하나밖에 없는 유일무이한 우주가 아니다. 최근 많은 물리학자가 생각하는 바에 따르면, 우리는 어마어마하게 많은 우주 중 한 우주에 살고 있다. 우연히 만들어진 우주에 살고 있는 것이다. 우리는 과학으로 계산해낼 수 없는 우주에서 살고 있다.

* * *

앨런 구스는 이렇게 말한다. "1970년대와 1980년대만 해도 우리가 엄청나게 똑똑하고, 모든 것을 거의 다 알아낸 듯한 기분에 사로잡혀 있었었습니다." 물리학자들은 자연의 네 가지 기본 힘 중 세 가지에 대해 아주 정확한 이론을 만들어냈다. 이 세 가지 힘은 원자의 중심에서 아원자입자들을 하나로 묶어주는 강한 핵력strong nuclear force, 원자에서 일어나는 특정 종류의 방사성 붕괴를 담당하는 약한 핵력weak nuclear force, 전하를 띠는 입자들 사이에서 작용하는 전자기력electromagnetic force이다. 그리고 양자물리학quantum physics을 네 번째 힘인 중력과 하나로 합침으로써, 물리학자들이 말하는 '만물의 이론Theory of Everything'의 틀 안에 중력을 집어넣을 수 있으리라는 전망이 나오고 있었다. 어떤 이는 이것을 '최종이론Final Theory'이라 부르기도 했다.

1970년대와 1980년대에 이 이론들은 소립자의 질량에 대응하는 20여 개의 매개변수, 그리고 기본 힘의 강도에 대응하는 5~6개 정도의 매개변수를 특별히 지정해야만 했다. 그다음에 필연적으로 밟게 될 단계는 기본 소립자들의 질량 대부분을 하나나 두 개 정도의 질량에서 유도해내고, 모든 기본 힘의 강도를 하나의 단일한 기본 힘에서 유도해내는 것이었다. 물론 이런 것들이 가능하다는 전제 아래서 말이다. 물리학자들이 다음 단계를 밟을 준비가 되었다고 생각할 만한 이유는 충분했다. 실제로 갈릴레이 시대 이후 물리학은 필요한 자유 매개변수free parameter의 숫자를 줄이고, 관찰된 사실들과도 잘 맞아떨어지는 원리와 법칙들을 발견하는 데 매우 큰 성공을 거두었다. 예를 들면 목성의 타원 궤도는 100년마다 0.012도라는 아주 작은 각도로 회전하는 것이 관찰되었는데, 일반상대성이론을 이용해 이것을 성공적으로 계산했다. 그리고 관찰된 전자의 자기장 세기가 2.002319마그네톤magneton이라는 것 역시 양자전기역학quantum electrodynamics, QED을 통해 정확히 유도해냈다. 이처럼 물리학에는 이론과 실험이 정확하게 일치하는 예가 그 어떤 과학 분야보다도 풍부하다.

구스는 이렇게 과학의 날씨가 화창하던 시절에 물리학자의 길에 들어섰다. 2011년 만 64세의 나이로 매사추세츠공과대학교 교수로 있던 그가 빅뱅이론Big Bang theory을 크게 수정한 급팽창이론Inflation theory을 발표한 것은 30대 초반의 일이었다. 30여 년이라는 세월이 흐르며, 우리 우주가 약 140억 년 전에 밀도와 온도가 극도로 높은 덩어리에서 시작해 그 이후로 팽창을 거듭하면서 희석되고 냉각되어왔음을 암시하는 급팽창이론의 증거들이 상당히 많이 축적되었다. 급팽창이론은 우리 우주의 나이가 1조 분의 1조 분의 1조 분의 1초 정도밖에 되지 않았을 때 이상한 형태의 에너지가 우주를 급속도로 팽창하게 만들었다고 말한다. 그리고 아주 짧은 시간이 흐른 뒤 우주는 표준 빅뱅이론에서 나타나는 좀 더 여유로운 팽창 속도로 되돌아온다. 급팽창이론은 거시적으로 보았을 때 우주가 균일하게 파악되는 이유 등 우주론의 몇몇 미해결 문제를 해결했다.

나는 2011년 5월의 어느 날 매사추세츠공과대학교 3층

사무실로 그를 찾아갔다. 그는 책상 위에 수북이 쌓인 논문 더미와 빈 다이어트 콜라병에 가려 잘 보이지도 않았다. 바닥에는 더 많은 논문 더미와 수십 권의 학술지가 어지럽게 흩어져 있었다. 사실 몇 년 전에 구스는 미국 매사추세츠주 보스턴에서 발행하는 일간지 『보스턴글로브The Boston Globe』에서 후원하는 '보스턴에서 가장 지저분한 사무실' 대회에서 우승을 차지했다. 구스의 말에 따르면, 당시 상품이 전문 정리용역업체 하루 이용권이었다고 한다. "그 서비스 담당자는 사실 도움은커녕 성가시기만 했어요. 바닥에 놓여 있던 봉투 다발들을 집어 들더니 크기별로 정리하기 시작하더군요."

구스는 아직도 소년 같은 얼굴을 하고 있다. 그는 비행사 고글 같은 큼직한 안경을 쓰며, 1960년대 이후로는 긴 머리를 유지하고 있고, 다이어트 콜라를 입에서 떼는 법이 없다. 구스는 내게 이렇게 말했다. "제가 이론물리학을 하게 된 이유는 수학과 논리로 세상 모든 것, 즉 우주를 이해할 수 있다는 개념이 마음에 들었기 때문입니다." 그가 씁쓸한 웃음을 지었다. 그때 우리가 나누었던 대화의 주제가 다중우주였기 때문이다.

* * *

다중우주의 개념은 이론물리학자들의 플라톤주의적 이상에 의문을 제기하지만, 오랫동안 일부 과학자들을 불안하게 만들었던 우주의 한 측면을 잘 설명한다. 다양하게 계산을 해본 바에 따르면, 우리 우주의 기본 매개변수 중 일부의 값이 지금보다 조금만 더 크거나 작았어도 생명이 등장할 수 없었을 것이다.

예를 들어 만약 핵력이 지금보다 몇 퍼센트만 더 강했더라면 유아기 우주의 모든 수소 원자들이 다른 수소 원자와 융합하여 헬륨이 되는 바람에 수소 원자는 모두 사라졌을 것이다. 수소가 존재하지 않는다는 것은 물 또한 존재하지 않는다는 의미다. 생명의 출현에 필요한 조건이 무엇인지 아직 확실히 밝혀지진 않았지만, 대부분의 생물학자는 물을 필수 요소라고 믿고 있다. 반면 핵력이 지금보다 크게 약했다면 생명의 탄생에 필요한 복잡한 원자들이 유지될 수 없었을 것이다. 또 다른 예를 들어보자. 만약 중력의 강도와 전자기력의 강도 사이의 관계가 지금과 비슷하지 않았다면, 우주에는 생명을 뒷받침하는 화학원소를 초신성 폭발을 통해 우주로 분출하는 항성star•도, 행성planet을 거느리는 항성도 존재할 수 없었을 것이다. 생명이 등장하기 위해서는 이런 두 종류의 항성이 모두 필요하다. 한마디로 정리하면 우리 우주에 존재하는 기본 힘의 강도와 기본 매개변수 값은 마치 생명의 존재를 허용하도록 미세조정fine-tuning되어 있는 듯 보인다.

이러한 미세조정을 파악한 영국의 물리학자 브랜던 카터Brandon Carter는 1968년에 '인간원리anthropic principle'라는 것을 밝혀내기에 이른다. 이 원리는 다음과 같이 명시한다. "우리가 지금 여기서 우주를 관찰하고 있으므로, 우주는 우리가 여기에 존재할 수 있도록 여러 매개변수를 지금의 값으로 가져야만 한다." 인간원리를 뜻하는 영어 'anthropic principle'의 'anthropic'은 '인간'을 의미하는 그리스어에서 유래한 것인데, 사실 여기서는 부적절하게 사용되었다. 만약 이런 기본 매개변수가 지금의 값과 크게 차이가 났다면 인간만이 아니라 그 어떤 종류의 생명도 존재할 수 없기 때문이다.

• 스스로 빛을 내는 별을 항성이라고 한다. 태양을 비롯해 밤하늘에서 보이는 대부분의 별은 항성이다. 행성은 스스로 빛을 내지 못하면서 항성 주위를 도는 별을 말한다. 지구, 수성, 금성, 화성 등이 모두 행성에 해당한다. 태양계의 행성들은 스스로 빛을 내지는 못하지만 태양의 빛을 반사하기 때문에 밤하늘에서 빛나고 있다.

만약 이 결론이 옳다면 당연히 다음과 같은 의문이 뒤따른다. 이런 기본 매개변수들은 어째서 생명의 출현에 필요한 범위 안에 정확하게 놓이게 되었을까? 이는 우주가 생명에 관심을 기울이고 있다는 말일까? 지적인 존재가 의도적으로 우주를 설계했다는 지적 설계론Intelligent Design도 한 가지 대답이 될 수 있다. 실제로 일부 신학자, 철학자, 심지어는 과학자들까지도 미세조정과 인간원리를 신이 존재한다는 증거로 이용하고 있다. 일례로 2011년에 페퍼다인대학교에서 개최한 기독교학자 학술대회 연례회의에서 선도적인 유전학자이자 미국 국립보건원National Institutes of Health, NIH 원장인 프랜시스 콜린스Francis Collins는 이렇게 말했다. "복잡성을 낳을 수 있는 그 모든 잠재력과 생명을 잉태할 수 있는 잠재력을 품고 있는 우리 우주가 등장하기 위해서는 모든 것이 불가능할 정도로 정교하게 설정되어 있어야만 합니다. …… 여기서 우리는 매개변수들을 정확한 값으로 설정해놓은 창조주의 숨결을 엿볼 수 있습니다. 창조주는 무작위로 움직이는 입자들보다는 조금 더 복잡한 무언가를 창조하는 일에 흥미를 느꼈기 때문입니다."[3]

지적 설계론이 미세조정을 설명하는 한 가지 대답이기는

하지만 대부분의 과학자는 이런 설명에 매력을 느끼지 않는다. 다중우주는 이것을 다르게 설명한다. 서로 속성이 다른 엄청나게 많은 우주가 존재한다면, 예를 들어 우리 우주보다 핵력이 훨씬 더 강한 우주도 있고, 훨씬 더 약한 우주도 있다면 이런 수많은 우주 중 일부는 생명의 출현을 허용할 것이고 일부는 그렇지 않을 것이다. 이런 우주들 중 일부는 생명이 없이 물질과 에너지로만 이루어진 죽은 잔해로 남을 것이고, 일부는 세포·식물·동물, 그리고 정신의 등장을 허용할 것이다. 이론이 예측하는 가능한 우주의 범위가 막대하다고 해도 그중에서 생명이 존재하는 우주는 당연히 소수에 불과할 것이다. 하지만 이것은 문제가 되지 않는다. 우리는 생명을 허용하는 우주 중 한 곳에 살고 있다. 그렇지 않다면 지금 이 자리에서 이 질문에 대해 곰곰이 생각하고 있는 우리도 존재하지 않을 테니까 말이다.

우리가 어쩌다가 산소, 물, 물이 얼지도 끓지도 않는 적당한 온도 등, 우리가 안락하게 살 수 있는 수많은 좋은 여건을 갖춘 행성에 살게 되었는지 설명할 때도 이와 비슷한 논리를 적용할 수 있다. 이 행복한 우연은 그저 운이 좋아서일까? 혹시 신의 섭리가 작용한 것일까? 아니다. 우리는 그저 그런 속성을 갖추지 않은 행성에는 살 수 없었을 뿐이다. 생명이 살기에 쾌적하지 않은 다른 수많은 행성이 존재한다. 이를테면 천왕성은 온도가 섭씨 영하 223도까지 내려가고, 금성에는 황산 비가 내린다.

다중우주의 개념은 설계자의 존재 없이도 미세조정의 수수께끼를 풀 수 있는 설명을 제공한다. 스티븐 와인버그는 이렇게 말했다. "몇 세기에 걸쳐 과학은 종교의 영향력을 약화시켜 놓았습니다. 이것은 신이 존재하지 않음을 입증해서 이루어진 것이 아니라 우리가 자연에서 관찰한 내용을 근거로 삼아 신의 존재를 옹호하는 주장들을 무효화시킨 덕분입니다. 다중우주의 개념은 우리가 생명에 우호적인 우주에서 살고 있는 이유를 창조자의 자비심에 의존하지 않고도 설명해 냅니다. 따라서 이 개념이 옳다면 종교를 뒷받침하는 근거는 더욱 약해질 것입니다."

일부 물리학자들은 인간원리에 대해, 그리고 물리학의 기본 매개변수 값을 다중우주의 개념을 빌려 설명하는 것에 대해 여전히 회의적인 태도를 취하고 있다. 하지만 스티븐 와인버그나 앨런 구스 같은 사람들은 인간원리와 다중우주의 개념을 합치면 관찰된 사실을 가장 잘 설명할 수 있다는 점을 어쩔 수 없이 받아들이면서, 플라톤주의적 이상을 포기했다. 다중우주의 개념이 옳다면 물리학이 역사적으로 추구해온 사명인 우리 우주의 모든 속성을 기본 원리로부터 이끌어내려는 노력, 즉 우리 우주의 속성들이 왜 필연적으로 그런 속성을 가질 수밖에 없는지를 설명하려는 노력이 모두 물거품이 되고 말기 때문이다. 기본 원리로 모든 것을 설명하려는 방식은 분명 아름다운 철학적 이상이지만 진리는 아니다. 우리 우주가 지금의 모습이 된 것은 그저 우리가 지금 여기에 존재하기 때문이다.

이 상황은 어느 날 왜 세상이 완전히 물로 채워져 있는지 궁금증을 품기 시작한 똑똑한 물고기 집단의 상황에 비유할 수 있다. 그 물고기 중 상당수는 이론가였고, 세상이 물로 채워질 수밖에 없는 필연적인 이유를 증명해 보이려고 했다. 이들은 여러 해에 걸쳐 이 과제에 집중했지만, 자신들의 주장을 도저히 입증할 길이 없었다. 그러다 늙은 주름투성이 물고기 집단이 어쩌면 자신들이 잘못 알고 있는지도 모른다는 가정을 세운다. 이들은 짐작건대 다른 수많은 세계가 존재하며, 거기에는 완전히 건조한 세계부터 완전히 물로 채워진 세계에 이르기까지 다양한 양의 물을 품고 있는 온갖 세상이 존재할지 모른다고 주장한다.

* * *

미세조정의 가장 두드러진 사례이며, 사실상 다중우주의 개념이 있어야만 설명이 가능한 사례가 있다. 바로 과학자들이 말하는 '암흑에너지dark energy'다. 이것은 뜻하지 않게 발견되었다. 10여 년 전에 천문학자들은 하룻밤 사이에 거의 100만 개의 은하계를 이 잡듯 뒤져볼 수 있는 칠레, 하와이, 애리조나, 그리고 우주 바깥에 있는 로봇 망원경을 이용해 우주의 팽창이 더 빨라지고 있다는 사실을 발견했다. 앞에서도 이야기했듯이 우주가 팽창하고 있다는 사실은 1920년대 후반부터 이미 알려져 있었고, 이것은 빅뱅 모형에서 핵심적인 요소다. 하지만 정통 우주론에서는 우주의 팽창이 느려지고 있다고 생각했다. 결국에는 중력이 인력으로 작용해 질량을 서로 가까이 끌어당길 것이기 때문이다. 따라서 1998년에 두 곳의 천문학 연구진이 어떤 알려지지 않은 힘이 우주의 가속 페달을 세게 밟고 있는 것으로 보인다고 발표하자 사람들은 깜짝 놀랐다. 우주의 팽창 속도가 더 빨라지고 있는 것이다. 은하계들은 마치 반反중력에 의해 밀려나듯 서로에게서 멀어지고 있다. 연구진 중 한 명인 로버트 커시너Robert Kirshner는 이렇게 말한다. "지금의 우주는 우리 아버지 세대의 우주와는 다릅니다."[4](2011년 10월에 양쪽 연구진은 노벨 물리학상을 수상했다.)

물리학자들은 이 예상치 못한 우주론적 힘과 관련된 에너지를 암흑에너지라 부른다. 이것의 정체는 아무도 모른다. 암흑에너지는 눈에 보이지 않을 뿐 아니라 텅 빈 공간 속에 숨어 있는 것으로 추측된다. 그런데 팽창 가속도를 관찰한 내용을 바탕으로 따져보면, 암흑에너지는 우주 전체 에너지 중 약 4분의 3이라는 막대한 양을 차지하고 있다. 암흑에너지야말로 우주에 도사린 궁극의 배후 세력인 셈이다. 암흑에너지는 과학이라는 방 안에 들어 있는 '보이지 않는 코끼리'다.•

암흑에너지의 양, 더 정확히 말하면 1세제곱센티미터당 들어 있는 암흑에너지의 양을 측정한 결과 1세제곱센티미터당 1억 분의 1, 즉 1×10^{-8}에르그erg 정도로 나왔다. (다른 값과

• 'elephant in the room', 즉 '방 안에 있는 코끼리'라는 표현은 모두가 그 존재를 빤히 알고 있는데도 눈치를 보며 아무도 쉽게 이야기를 꺼내지 못하는 문제를 의미한다. 존재하는 것이 분명한데도 보이지도, 정체를 파악할 수도 없는 암흑에너지를 저자는 '보이지 않는 코끼리'에 비유했다.

비교해보자면, 동전 하나가 허리 높이에서 바닥으로 떨어졌을 때의 에너지는 30만, 즉 3×10^5에르그 정도다.) 이렇게 비교하니 암흑에너지의 양이 별것 아닌 것 같지만, 방대한 우주의 부피에 이 값을 모두 더한다고 생각하면 이야기가 달라진다. 천문학자들이 이 수치를 결정할 수 있었던 것은 서로 다른 시대의 우주 팽창 속도를 측정해본 덕분이다. 우주의 팽창이 더 빨라지고 있다면, 과거에는 팽창 속도가 더 느렸을 것이기 때문이다. 천문학자들은 이 가속의 양에서 암흑에너지의 양을 계산할 수 있었다.

이론물리학자들은 암흑에너지의 정체에 대해 몇 가지 가설을 제시하고 있다. 그 가설 중 하나는 암흑에너지가 어쩌면 아무것도 없는 상태에서 순간적으로 나타났다가 소멸하며 다시 진공으로 돌아가는 유령 같은 아원자입자의 에너지라는 것이다. 양자물리학에 따르면, 텅 빈 공간은 사실 난데없이 튀쳐나왔다가 보이기도 전에 사라져버리는 아원자입자들로 대혼란 상태에 놓여 있다. 또 다른 한 가지 가설은 암흑에너지가 힉스장Higgs field과 관련이 있다는 것이다. 힉스장은 특정한 물질이 왜 질량을 갖는지를 설명할 때 종종 언급되는 개념으로, 가설로만 존재하고 아직 관찰되지 않은 역장force field

이다. 이처럼 이론물리학자는 다른 사람들이 깊이 생각하지 않는 것들을 생각하는 사람들이다. (「우연의 우주」를 쓰고 1년 뒤인 2012년 여름에 물리학자들이 힉스장을 관찰했다고 주장했다. 이 부분은 2장 「대칭적 우주」를 참조하기 바란다.) 끈이론에서는 공간의 덧차원extra dimension, 즉 앞뒤, 좌우, 위아래로 이루어진 일반적인 3차원 너머의 차원이 우리가 알아차릴 수 없는 원자보다 훨씬 더 작은 크기로 압축되어 있는데 이 압축 방식이 암흑에너지와 관련이 있을지도 모른다고 말한다.

이 다양한 가설들을 따라 한 우주에서 이론적으로 가능한 암흑에너지의 양을 계산해보면, 1세제곱센티미터당 10^{115}에르그에서 -10^{115}에르그에 이르는, 말도 안 되게 광범위한 값이 나온다. (암흑에너지의 값이 음수라는 것은 현재 관찰되는 내용과는 반대로 암흑에너지가 우주의 속도를 떨어뜨리는 작용을 한다는 의미다.) 따라서 절댓값으로만 따지면 우리 우주에 실제로 존재하는 암흑에너지의 양은 앞에서 얘기한 가능한 범위와 비교해봤을 때 작아도 엄청나게 작은 값임을 알 수 있다. 이 사실은 그 자체로 놀라운 것이다. 만약 이론적으로 가능한 암흑에너지 값을 여기부터 태양까지 펼쳐진 줄자 위에 표시한다면, 우리 우주에서 실제로 관찰된 암흑에너지 값(1세제곱센티미터당 10^{-8}에르그)은 0에서 원자의 폭만큼도 떨어지지 않은 곳에 찍힐 것이다.

대부분의 물리학자가 동의하는 것이 한 가지 있다. 만약 우리 우주의 암흑에너지 양이 실제 값과 조금만 달랐어도 생명은 결코 등장하지 못했으리라는 점이다. 암흑에너지 양이 실제보다 조금 더 컸다면 우주의 팽창 속도가 너무 빨라 유아기 우주에 들어 있던 물질이 중력의 작용으로 뭉쳐 항성을 형성할 수 없었을 테고, 그러면 항성 속에서 복잡한 원자들이 만들어지지도 않았을 것이다. 반대로 암흑에너지 양이 더 작아서 음수값이 되었다면, 우주의 팽창 속도가 급격히 줄어 가장 단순한 형태의 원자가 미처 형성되기도 전에 다시 붕괴하고 말았을 것이다.

이것만큼 확실한 미세조정의 예는 없다. 우리 우주는 자신이 가질 수 있는 모든 암흑에너지 양 중에서 하필이면 생명을 허용하는 실낱같이 좁은 영역에 해당하는 엄청나게 작은 값을 갖게 되었다. 이 부분만큼은 논란의 여지가 거의 없다. 여기서는 생명이 출현하려면 액체 상태의 물이 있어야 한다거나, 특정 생화학적 과정이 일어나려면 산소가 있어야 한다는 등의 가정을 따지는 것이 아니라, 근본적으로 과연 지금과 같은 형태의 우주와 우주를 구성하는 원자 자체가 존재할 수 있는지를 따지고 있기 때문이다.

그럼, 앞에서 그랬듯이 이런 질문을 던지지 않을 수 없다. 어째서 이런 미세조정이 일어났는가? 오늘날 많은 물리학자는 그 해답이 바로 다중우주에 있다고 믿는다. 어마어마하게 많은 우주가 존재할지 모르며, 그 각각의 우주는 서로 다른 암흑에너지 양을 갖고 있을 것이다. 우리가 살고 있는 이 우주는 생명의 출현을 허용하는 작은 암흑에너지 값을 가진 우주다. 우리가 존재하는 것은, 우리 우주가 그런 우주임을 증명한다. 우리는 우연히 탄생한 존재다. 헤아릴 수 없이 많은 우주 복권 중에서 우리는 우연히도 생명을 허용하는 우주 복권에 당첨된 것이다. 하기야 우리가 그 복권을 뽑아 들지 않았다면, 지금 여기서 그 복권을 뽑을 확률이 얼마나 될지 곰곰이 생각하는 우리도 존재하지 않았으리라.

* * *

다중우주의 개념이 매력적인 이유는 단지 미세조정의 문제를 잘 설명해주기 때문만은 아니다. 앞에서도 언급했듯이 다중우주의 가능성은 실제로 물리학의 현대적 이론을 통해서도 예측되고 있다. 그런 이론 중 하나가 앨런 구스의 급팽창이론을 수정한 '영원한 급팽창이론'으로, 폴 스타인하르트 Paul Steinhardt, 알렉산더 빌렌킨Alexander Vilenkin, 안드레이 린데 Andrei Linde가 1980년대 초반과 중반에 걸쳐 개발했다. 급팽창 이론에서는 암흑에너지 같은 에너지장이 유아기 우주를 급팽창하게 만든다. 이 에너지장은 우주 전체가 취할 수 있는 가장 낮은 에너지 수준에 해당하지 않는 조건에 일시적으로 붙잡혀 있는 것이기 때문에 불안정했다. 이것은 구슬이 탁자 위의 얕은 홈에 아슬아슬하게 얹혀 있는 것과 비슷하다. 구슬은 그 자리에 계속해서 머물 수도 있지만, 덜컥하고 한번 충격을 받으면 홈에서 빠져나와 탁자를 가로지르며 구르다가 바닥으로 떨어질 것이다.• (바닥은 우주에 허용된 가장 낮은 에너지 수준에 해당한다.)

영원한 급팽창이론에서는 암흑에너지장dark energy field이 공간 속 서로 다른 지점에서 서로 다른 여러 가지 값을 갖는다. 우주라는 탁자 위에 파인 수많은 홈에 수많은 구슬이 들

• 구슬이 바닥으로 떨어지는 과정이 바로 우주의 급팽창에 해당한다.

어가 있는 상황에 비유할 수 있다. 양자역학에 내재된 무작위적인 과정 때문에 이 각각의 구슬이 덜컥거리며 충격을 받게 되고, 그럼 이 구슬 중 일부는 탁자를 가로지르며 구르기 시작하다 바닥으로 떨어질 것이다. 이 각각의 구슬이 새로운 빅뱅을 시작되게 하고, 각각의 빅뱅은 사실상 새로운 우주에 해당한다. 따라서 급속하게 팽창하고 있는 원래의 우주가 결코 끝나지 않을 과정을 통해 다중의 새로운 우주를 낳는 것이다.

끈이론 역시 다중우주의 가능성을 예측하고 있다. 끈이론은 원래 1960년대에 강한 핵력을 설명하려는 야망을 가지고 구상된 이론이지만, 곧 그러한 야망을 훨씬 뛰어넘는 이론으로 발전했다. 끈이론에서는 물질의 최소 구성 단위가 전자 같은 아원자입자가 아니라 매우 작은 1차원의 에너지 '끈string'이라 상정한다. 이 기본적인 끈은 바이올린의 현처럼 다른 주파수로 진동할 수 있으며, 그 진동 방식의 차이는 서로 다른 기본 소립자와 기본 힘으로 발현된다. 끈이론에서는 보통 일상적인 3차원 공간 외에 7차원의 추가적인 차원이 필요하다. 이 덧차원은 아주 작은 크기로 조밀화compactification되어 있기 때문에 우리는 이 덧차원을 절대로 경험하지 못한다. 마치 정원에서 쓰는 고무관이 실제로는 3차원이지만 멀리 떨어진 곳에서 보면 1차원의 선으로 보이는 것과 비슷한 원리다. 사실 끈이론에서 덧차원을 접는 방법은 어마어마하게 많이 존재한다. 한 장의 종이를 여러 가지 다양한 방법으로 접을 수 있는 것과 비슷한 이치다. 이런 서로 다른 조밀화 방법은 각각 다른 속성을 가진 다른 우주에 대응된다.

물리학자들은 이 끈이론을 이용하면 추가적인 매개변수를 거의 도입하지 않고도 자연에 존재하는 모든 힘과 입자를 설명할 수 있을 것으로 기대했다. 실재하는 모든 것이 기본 끈의 진동에서 비롯되며 결국은 그 발현이라고 말이다. 그렇게만 된다면 끈이론을 통해 몇 가지 기본 원리만으로 우주를 완전히 설명한다는 플라톤주의적 이상이 궁극적으로 실현되는 것이나 마찬가지였다. 하지만 지난 몇 년 동안 물리학자들은 끈이론이 유일무이한 우주를 예측하지 않고, 서로 다른 속성을 지닌 막대한 수의 우주가 존재할 가능성을 예측하고 있음을 발견했다. 이 '끈 풍경string landscape' 속에는 10^{500}개의 서로 다른 우주가 담겨 있는 것으로 추정된다. 사실상 이 값은 무한이나 마찬가지다.

영원한 급팽창이론이나 끈이론은 일반상대성이론이나 양자전기역학 같은 기존의 수많은 물리학 이론처럼 실험을 통해 뒷받침된 이론이 결코 아니다. 영원한 급팽창이론이나 끈이론 중 어느 하나 또는 둘 모두가 틀린 것으로 밝혀질 수도 있다. 하지만 세계 최고의 물리학자 중 몇몇은 이 두 이론을 연구하는 데 자신의 경력을 쏟아붓고 있다.

* * *

다시 똑똑한 물고기 이야기로 돌아가보자. 늙은 주름투성이 물고기들은 건조한 세계에서 완전히 물로 채워진 세계에 이르기까지 서로 다른 다양한 세계가 수없이 존재할지 모른다는 추측을 내놓았다. 일부 물고기들은 내키지 않았지만 마지못해 이런 설명을 받아들였다. 또 일부 물고기는 이런 설명에 안도감을 느꼈다. 어떤 물고기는 평생에 걸친 고민이 다 쓸데없는 것이었다는 생각이 들었다. 그리고 일부 물고기는 여전히 깊은 생각에 잠겼다. 이 추측을 증명할 방법이 없기 때문이다. 다중우주의 개념에 적응하고 있는 물리학자 중에도 이런 불확실성 때문에 마음이 심란한 사람이 많다. 우리는 기본적으로 이 우주가 우연의 결과물이며, 계산도 불가능하다는 것을 받아들여야 한다. 그뿐만 아니라 수많은 다른 우주가 존재한다는 것도 믿어야 한다. 하지만 우리에겐 다른 우주를 관찰할 수 있는 방법도, 그 존재를 입증할 방법도 없다. 따라서 우리가 관찰한 세상과 머릿속에서 추론한 세상을 설명하려면 증명할 수 없는 것을 믿어야만 한다.

어디서 많이 듣던 소리라고? 신학자들은 입증되지 않은 것을 믿는 데 익숙하다. 하지만 과학자들은 그렇지 못하다. 사실 증명할 수 없는 것을 믿어야 하는 다중우주이론은 과학의 오랜 전통과 심각하게 충돌한다. 우리가 할 수 있는 것이라고는 다중우주를 예측한 이론들이 우리가 살고 있는 이 우주에서 검증 가능한 다른 예측을 함께 내놓기를 바라는 것밖에 없다. 하지만 그런 경우에도 수많은 다른 우주는 계속 추측의 영역에 머물 것이다.

앨런 구스는 이렇게 말한다. “암흑에너지와 다중우주의 개념이 발견되기 전만 해도 우리는 자신의 직관에 대해 지금보다 더 자신이 있었습니다. 앞으로도 우리가 밝혀내야 할 것이 많이 남아 있겠지만, 제1원리first principle로부터 모든 것을 밝혀내는 재미는 이제 포기해야겠죠.” 과연 스물다섯 살의 그가 오늘날 다시 과학계에 발을 들여놓는다면, 그때도 이론물리학을 선택할지 궁금해지는 순간이다.

2

대칭적 우주

우리는 왜 대칭에 끌리는가

The Accidental Universe

어느 날 밤 나는 케임브리지에 있는 하버드대학교 부속 천문대 직원들과 만남을 가진 뒤 건물 꼭대기로 올라가 1847년에 장착된 망원경으로 우주를 내다보았다. 대형 망원경을 접한 것은 이때가 처음이었다(나는 이론물리학자다). 그 접안렌즈 안에는 접시만 한 크기의 토성이 섬세한 고리를 몸통에 두른 채 떠 있었다. 그 아름다움에 나는 넋을 잃었다. 토성은 어떤 것보다 둥글었고, 행성 주변을 두르고 있는 고리는 어떤 원보다도 대칭적이었다. 자연은 인간의 생각이나 간섭도 없이 어떻게 그런 완벽함을 창조해낼 수 있을까? 그리고 우리 인간은 행성과 그 고리가 완벽히 둥글다는 사실에 왜 그토록 강한 매력을 느끼는 것일까?

물론 자연에는 이것 말고도 수많은 '대칭symmetry'이 존재한다. 눈송이 결정은 완벽한 육각 대칭을 보여준다. 각각의 연약한 가지는 모두 똑같이 생겼다. 불가사리는 다섯 방향으로 균등하게 뻗은 팔을 가지고 있고 이 팔들 역시 똑같이 생겼다. 작은 우박 덩어리는 둥글다. 해파리는 똑같이 네 등분으로 나뉜다. 노랑꽃창포는 세 개의 꽃잎을 갖고 있고 완벽한 삼각 대칭을 이룬다. 즉 꽃을 3분의 1만큼 돌려서 보면 모두 같은 모습이란 뜻이다. 사과를 가운데 높이에서 반으로 잘라 보면 다섯 개의 씨앗이 정오각형 형태로 배열되어 있다. 나비의 두 날개도 대칭이다. 대칭의 예는 이것 말고도 얼마든지 있다. 이렇게 어디에나 대칭성이 퍼져 있는 것이 우연일 리는 없다.

2012년 7월 과학자들이 오랫동안 찾아 헤매던 '힉스 보손Higgs boson'을 찾아냈다고 발표했을 때, 나는 우주의 대칭성cosmic symmetry이 떠올랐다. 힉스 보손은 50년 전에 가설로 제시된 아원자입자로, 현대물리학의 이론들이 성립하기 위해서는 반드시 존재해야 하는 입자였다. 언론에서 구체적으로 언급하지는 않았지만, 이 입자의 중요 기능 중 하나는 물리학자들로 하여금 심오한 대칭성을 담은 이론을 구축할 수 있게 해 주는 것이다.

각각의 힉스 입자는 원자atom보다 훨씬 작은 크기지만 그것을 찾아내려면 거대한 기계장치가 필요하다. 다른 아원자 입자, 즉 양성자를 거의 광속에 가깝게 가속시킨 다음 서로 충돌시켜야 힉스 입자를 만들어낼 수 있기 때문이다. 이 과업을 실행할 수 있을 정도의 규모와 에너지를 가지고 있는 입자 가속기는 유럽원자핵공동연구소European Organization for Nuclear Research, CERN가 스위스 제네바 근처에 건설한 대형강입자충돌기Large Hadron Collider, LHC가 유일하다. 이 대형강입자충돌기는 스위스-프랑스 국경에 있는 지하 166미터 터널에서 27킬로미터에 걸쳐 둥글게 굽이돌고 있다. 이 거대한 기계로 연구를 하면서 알게 된 것은 힉스 입자가 부끄러움을 많이 타는 녀석이라는 점이다. 힉스 입자 하나를 잘 구슬려서 만들어내려면 양성자를 1조 번이나 충돌시켜야 하고, 일단 만들어지고 나면 이 입자는 1조 분의 1초의 10억 분의 1 미만의 시간 동안 머물다가 다른 아원자입자로 바뀌고 만다. 이렇게 찰나의 순간에만 얼굴을 내미는 입자를 직접 관찰하는 것은 불가능하다. 그래서 힉스 입자가 다른 입자로 변하면 그 입자를 관찰해서 힉스 입자의 존재를 간접적으로 추측한다.

2012년 7월 4일, 각각 3000명 정도의 물리학자로 구성된 서로 다른 두 과학연구팀이 수조 번의 양성자-양성자 충돌을 통해 나온 찌꺼기에서 힉스 입자의 흔적 몇 개를 발견했다고 발표했다. 캘리포니아대학교 샌타바버라캠퍼스의 물리학 교수이자 두 과학연구팀 중 한 팀의 책임자인 조 인칸델라Joe Incandela는 이렇게 말했다. "우리는 기존에는 결코 불가능했던 수준에서 우주의 구조에 접근하고 있습니다. 우리는 지금 새로운 탐험의 최전선에 나와 있습니다. 이것은 이야기를 완성할 마지막 조각이 될 수도 있고, 완전히 새로운 발견의 영역을 열어젖히는 문이 될 수도 있습니다."[1] 인칸델라가 언급한 '이야기'는 물리학의 표준모형Standard Model이다. 이 표준모형은 자연의 기본 힘과 입자 대부분을 완전하게 설명해준다. (현대 물리학자들이 이해하는 네 가지 기본 힘은 중력, 전자기력, 강한 핵력, 약한 핵력이다.)

표준모형이 칠판에 등장하기 전이었던 1964년, 에든버러대학교의 피터 힉스Peter Higgs와 몇몇 물리학자들은 어떤 아원자입자에는 질량을 부여하고 빛의 광자photon 같은 또 다른 아원자입자에는 질량을 부여하지 않는 새로운 형태의 에너지가 존재한다는 이론을 내세웠다. (물리학자는 왜 어떤 입자는 질량이 있고 다른 입자는 질량이 없는지 따위를 고민하는 사람들이다.) 훗날 힉스 입자라고 불리게 된 이것은 질량을 부여하는 에너지로 인해 생겨난 결과물이었다. 그러다가 1967년에 미국의 물리학자 스티븐 와인버그와 파키스탄의 물리학자 아브두스 살람Abdus Salam이 각자 독립적으로 표준모형의 중요한 부분을 제안한다. 표준모형은 약한 핵력과 전자기력을 지금은 '약전자기력electroweak force'이라고 부르는 공동의 틀 안에서 하나로 통합하는 이론이다.

자연의 힘을 통합하는 이론을 정립하는 과정에서 와인버그와 살람 두 사람을 이끌어준 것은 대칭에 대한 거의 종교적인 헌신이었다. 그리고 이 헌신에는 힉스 입자가 필요했다. 그 이유는 다음과 같다. 가장 심오한 수준에서 대칭이란 불가사리의 두 다리를 뒤바꾼다거나 눈송이를 60도 회전시키는 것처럼 한 계system에 어떤 변화를 가하더라도 모든 것이 그대로 똑같이 보인다는 것을 의미한다. 약전자기력이론은 본질적으로 약한 핵력과 전자기력을 실어 나르는 매개입자(이 입자는 각각 W보손과 Z보손, 그리고 광자로 알려져 있다•)와 관련해서 자연이 대칭성을 보인다고 상정한다. 즉 이 입자 중 일부를 다른 입자와 뒤바꾸더라도 기본 힘이 똑같은 방식으로 작용한다는 것이다. 통합된 약전자기력의 측면에서 보면 이 입자들은 동등하다.

와인버그와 살람의 이론에서 딱 한 가지 문제가 되는 부분은 눈송이 결정의 가지와 달리 광자와 W보손, Z보손이 서로 다르다는 것을 우리가 이미 알고 있다는 사실이다. 특히 이 입자들은 질량이 매우 달라서 구분하기가 아주 쉽다. 하지만 힉스 입자의 에너지를 이 이론에 끼워 넣으면 입자마다 질량이 차이 나는 이유를 입자들 사이에 등가성equivalence이 부족하기 때문이 아니라 입자들과 힉스 입자 사이의 마찰력에 차이가 나기 때문이라고 설명할 수 있다. 이렇게 하면 밑바탕이 되는 대칭성은 여전히 살아 있게 된다. 와인버그-살람의 이론은 이처럼 대칭성을 기반으로 구축되었다. 이보다 더 중요한 점은 이 이론에서 내놓은 예측이 실험을 통해 확인되었다는 것이다. 이 이론은 W보손과 Z보손의 속성은 물론이고 그 입자들 사이에 일어나는 새로운 종류의 상호작용까지도 올바르게 예측해냈다.

● 약한 핵력의 매개입자는 W보손, Z보손 두 가지다.

1979년에 이 두 명의 과학자와 셸던 글래쇼Sheldon Glashow는 약전자기력이론에 대한 연구로 노벨 물리학상을 공동 수상했다. 당시 남은 단 한 가지 의문은 과연 이 이론에서 상정하고 있고 이론의 모든 성패가 달린 힉스 입자, 즉 힉스 보손이 실제로 존재하느냐는 것이었다. 2013년 초반을 기준으로 말하면, 거의 모든 물리학자가 유럽원자핵공동연구소에서 진행한 실험을 통해 드디어 힉스 입자가 발견되었다는 데 고개를 끄덕이고 있었다. 만약 힉스 입자를 계속해서 발견하지 못했다면 표준모형뿐 아니라 이 이론의 기반이 되는 심오한 대칭성에 관한 물리학자들의 신념에도 의문이 제기되었을 것이다.

일부 물리학자들은 자연은 우리가 지금까지 발견한 것보다 훨씬 대칭적이라고 믿는다. 더 높은 에너지 수준에서는 네 가지 기본 힘이 모두 본질적으로 동일한 강도를 지니고 있다는 것이다. 과학의 역사에서 가장 열렬한 대칭 전도사라 할 수 있는 와인버그는 대칭의 원리가 물질, 에너지, 힘보다 더욱 근본적인 것이라고 믿는다. 1992년에 펴낸 『최종 이론의 꿈Dreams of a Final Theory』에서 그는 이렇게 적었다.

> 20세기 들어 대칭의 원리는 새로운 수준으로 중요성을 띠게 되었다. …… 알려진 자연의 모든 힘이 존재할 수밖에 없음을 말해주는 대칭의 원리가 있다. …… 만약 세상이 왜 지금의 모습으로 존재하는지 질문하고 그 대답이 왜 그것일 수밖에 없는지 계속해서 묻다 보면, 결국 꼬리에 꼬리를 물고 이어지는 설명의 끝에 가서는 거부할 수 없는 아름다움을 지닌 단순한 몇 개의 원리를 찾아낼 거라고 우리는 믿고 있다.[2]

와인버그 같은 과학자들이 대칭성에 끌리는 이유를 이해하기는 어렵지 않다. 먼저, 대칭은 아름다운 수학과 관련되어 있다. 간단한 예로 반지름이 R인 원을 나타내는 방정식을 생각해보자. 이 방정식은 $x^2+y^2=R^2$이다. (학생 때 배운 수학이 기억 안 난다고 걱정하지는 말자. 이 방정식을 하나의 그림이라 생각해도 좋다.) 원은 어느 각도로 돌려도 모습이 변하지 않기 때문에 이 방정식은 회전대칭을 구현하고 있다. 만약 지도에서 북쪽과 동쪽을 가리키는 나침반의 방향을 회전시키듯 x축과 y축을 회전해서 새로운 축인 w와 z를 만든다면 새로운 좌표에서 원을 나타내는 방정식은 $w^2+z^2=R^2$이 된다. 원래의 방정식과 똑같은 형태다. 이보다 매력적인 것이 또 어디 있을까. 약전자기력을 나타내는 와인버그와 살람의 방정식에 담긴 대칭성도 구성 요소가 좀 더 많을 뿐 이것과 비슷하다. 주로 수학을 가지고 연구하는 이론과학자들은 모두 수학의 아름다움에서 기쁨을 느낀다.

과학자, 그중에서도 물리학자, 또 그중에서도 특히 20세기 물리학자들은 또 다른 아주 실용적인 이유로 인해 대칭을 매력적이라고 생각했다. 대칭성을 갖춘 이론들은 대개 자연을 잘 따랐고 그에 따라 실험과 일치하는 예측을 잘 내놓았다. 아인슈타인이 내놓은 시간에 관한 이론인 상대성이론, 강한 핵력의 이론인 양자색역학quantum chromodynamics 등이 그 예다. 두 이론 모두 강한 대칭성을 구현하고 있는데, 실험을 통한 검증에서 옳다는 것이 입증되었다.

대칭성은 복잡성도 줄여준다. 예를 들어 좌우대칭을 보이는 물리계는 그것을 구체적으로 밝히는 데 필요한 매개변수가 좌우대칭이 없는 물리계의 절반이면 충분하다. 좌우대칭성이 있는 물리계는 오른쪽만 구체적으로 밝히면 왼쪽은 자동으로 밝혀진다. 물리학이든 화학이든 생물학이든 분야와 상관없이 이론과학자들은 모두 자연의 이론을 만들 때 경제적인 이론을 더 선호한다. 원리와 매개변수, 그리고 설명이 최소화된 이론을 선호하는 것이다. 한 계를 밝히는 데 필요한 원리와 매개변수의 숫자가 적을수록 그 계를 더 잘 이해할 수 있다.

세속적이기는 하지만 여전히 놀라운 대칭의 예로 1달러 지폐의 대칭성을 이야기할 수 있다. 모든 1달러 지폐는 동등하다. 어느 1달러 지폐를 다른 1달러 지폐와 바꾸더라도 그 구매력은 똑같다. 상업의 체계에 아무런 변화도 일어나지 않는다. 이런 대칭성 덕분에 여러 가지 효과가 나타나는데, 그중 하나는 상품이 갖고 있는 가치를 일단 달러로 환산해놓으면 다양한 상품들과 비교할 수 있다는 점이다. 이것은 1달러가 모두 똑같기 때문에 가능한 일이다. 기원전 3000년경에 물물교환 제도가 화폐제도로 바뀜으로써 사람들 사이의 교역이 매우 단순해졌고, 구매와 판매 과정에 따르는 이해관계를 파악하기도 더욱 편해졌다. 이처럼 화폐제도는 인간이 인위적으로 부가한 대칭성이다.

* * *

심오한 질문을 던져보자. 자연에는 왜 이렇게 많은 대칭이 구현되어 있을까? 우리는 이 질문에 대해 완벽한 해답을 내놓지 못한다. 하지만 부분적인 해답은 갖고 있다. 대칭은 경제성으로 이어지고, 자연 역시 인간과 마찬가지로 경제성을 선호하는 듯 보인다. 자연을 서로 다른 설계 가능성을 계속 시도하는 하나의 거대한 실험이라고 생각해보자. 그러면 가장 적은 에너지를 소비하거나 적절한 시기에 최소한의 결합을 요구하는 설계가 우선권을 얻을 것이다. 이는 자연선택의 원리에서 시간이 흐를수록 생존 능력이 가장 뛰어난 유기체가 우위를 차지하게 되는 것과 마찬가지 원리다. 반면 적어도 우리가 알고 있는 바로는 약전자기력이론이나 상대성이론, 양자색역학에서 나타나는 대칭성은 서로 다른 설계를 가지고 계속 실험하면서 진화해온 것이 아니다. 기본적인 물리법칙을 결정한 과정과 원리가 무엇이든지 간에 이런 대칭성은 우주가 시작될 때부터 그 안에 내장되어 있었던 것으로 보인다 (1장 「우연의 우주」 참조). 나중에 살펴보겠지만 자연에 존재하는 일부 대칭은 수학적 정리theorem와 진리로부터 유도되어 나온다. 그리고 수학과 논리의 질서가 존재하지 않는 우주를 상상하기란 쉽지 않다.

자연을 여러 번 반복해서 지배하고 있는 물리적 원리 가운데 하나가 바로 '에너지 원리'다. 편평한 탁자 위에 구슬을 몇 개 올려놓고 어느 정도 시간이 흐른 뒤에 확인하면 대부분의 구슬이 바닥에 떨어져 있는 것을 볼 수 있다. 이런 일이 일어나는 이유는 바닥이 지구의 중심에 더 가깝고 탁자 위보다 중력에너지가 더 낮기 때문이다. 눈송이가 육각 대칭인 이유는 각각의 물 분자에서 두 개의 수소 원자가 산소 원자와 이루는 각도 때문이다. 이 각도는 물 분자의 총 전기에너지를 최소화하는 각도다. 이 각도를 벗어나면 에너지가 더 커진다. 토성 같은 거대한 천체가 둥근 이유는 구球 형태가 전체 중력에너지를 최소화하기 때문이다. 수학적 정리에 따르면 구체球體는 주어진 부피에서 표면적의 넓이가 최소인 기하학적 형태다. 우박이나 비누 거품 등 자연에서 나타나는 많은 물체는 표면적의 넓이가 커질수록 전기에너지도 커진다. 따라서 우박과 비누 거품은 구 형태를 띰으로써 자신의 에너지를 최소화하고 있는 것이다.

벌집은 위에서 설명한 개념을 잘 보여주는 아름다운 예다. 벌집에 들어 있는 각각의 방은 거의 완벽한 육각형으로, 여섯 개의 똑같은 벽으로 둘러싸인 공간이 같은 간격으로 배열되어 있다. 참으로 놀랍지 않은가. 그냥 온갖 다양한 모양과 크기의 방들이 무계획적으로 다닥다닥 붙어 있을 것 같은데 말이다. 평면에 틈을 남기지 않으면서 촘촘하게 배열할 수 있는 등변다각형은 등변삼각형, 등변사각형, 등변육각형, 이 세 가지밖에 없다는 것이 수학적 진리다. 방과 방 사이에 틈이 생긴다면 그것은 공간의 낭비다. 이런 틈은 경제성의 원리에도 위반된다.

이제 벌집을 이루는 각 변의 길이가 왜 같아야 하는지 궁금증이 생길 수 있다. 변의 길이와 형태를 무작위로 만들어 놓더라도 그다음 방을 앞방의 형태에 맞추어 제작하면 틈이 생기지 않는다. 앞에 만든 방의 형태에 맞추어 다음 방을 계속 만들면 된다. 하지만 이런 식으로 벌집을 지으려면 일벌들이 한 번에 방 하나씩 차례로 작업해야 한다. 방 하나를 만들고 나서야 그다음 방을 만들 수 있기 때문이다. 그러면 한 번에 한 마리의 일벌만 일할 수 있어서 나머지는 앞의 일벌이 방 만들기를 마칠 때까지 놀면서 기다려야 한다. 시간 낭비다. 일벌들이 벌집을 짓는 모습을 관찰해보면 다른 일벌이 방 만들기를 마칠 때까지 기다리지 않고 동시에 일을 진행한다. 따라서 벌들은 모든 방이 잘 맞아떨어지도록 미리 전략을 세워놓아야 한다. 각 변의 길이가 같은 등변삼각형, 등변사각형, 등변육각형을 이용할 수밖에 없는 것이다.

그렇다면 왜 하필 육각형일까? 여기서 또 다른 흥미진진한 이야기가 펼쳐진다. 약 2000년 전인 기원전 36년, 로마의 학자 마르쿠스 테렌티우스 바로Marcus Terentius Varro는 벌집의 육각형 격자가 평면을 똑같은 모양과 크기의 방으로 나눌 때 총둘레의 길이가 가장 짧아지는 기하학적 형태라고 생각했다. 둘레의 길이, 즉 변의 총길이가 가장 짧다는 것은 벌집을 지을 때 필요한 밀랍의 양을 최소화할 수 있다는 의미다. 밀랍 1온스(약 28.3그램)를 만들어내려면 벌은 8온스(약 226.7그램) 정도의 꿀을 섭취해야 한다. 이 정도의 꿀은 벌이 날개를 수도 없이 파닥이면서 수천 송이의 꽃을 찾아다녀야 모을 수 있는 상당한 양이다. 육각형은 벌의 수고와 에너지 소비를 최소화해준다. 하지만 바로는 추측을 내놓았을 뿐이다. 바로의 추측은 수학자들 사이에서 '벌집 추측Honeycomb Conjecture'으로 알려져 있었는데, 놀랍게도 1999년에 미국의 수학자 토머스 해일스Thomas Hales가 이를 증명했다. 벌들은 오래전부터 이 추측이 진리임을 알고 있었던 것이다.

벌 이야기는 여기서 끝이 아니다. 벌은 꽃이 풍부한 대칭성을 갖는 이유와도 연관되어 있다. 벌이 먹이와 밀랍을 구하려면 꽃이 필요하다. 그리고 꽃은 꽃가루받이를 위해 벌이 필요하다. 베를린자유대학교와 툴루즈대학교의 연구자들은 2004년에 발표한 실험에서 벌들이 대칭성이 있는 꽃에 더 끌린다는 사실을 밝혀냈다.[3] 벌들은 왜 대칭을 갖춘 꽃에 더 끌리는 것일까? 연구자들은 실험을 통해 벌의 뇌 속에 들어 있는 시각계visual system가 꽃에서 오는 대칭적 자극을 훨씬 더 수월하게 처리한다고 주장했다. 즉 대칭 자극을 처리하는 데는 신경학적 장치가 덜 필요하다는 이야기다. 여기서도 역시 경제성의 원리가 작동하고 있다.

* * *

그렇다면 우리는 왜 대칭에 끌릴까? 왜 우리 인간은 망원경 렌즈로 완벽하게 둥근 행성을 보거나 추운 겨울날 육각형의 눈송이를 보며 즐거워할까? 분명 부분적으로는 심리적인 이유도 있을 것이다. 대칭은 질서를 나타내고, 우리는 우리가 몸담고 있는 이 이상한 우주에서 질서를 갈망하기 때문이다. 대칭을 찾아나서는 것, 그리고 대칭을 찾아냈을 때 찾아오는 정서적 즐거움은 분명 우리가 주변 세상을 이해하는 데 도움을 준다. 일정하게 반복되는 계절과 변함없는 우정에 만족을 느끼는 것처럼 말이다. 대칭은 경제적이기도 하다. 그리고 대칭은 단순하며 우아하다. 무엇보다 아름다움이라는 신비로운 특성을 어떻게 정의하든 간에 우리는 대칭을 아름다움과 연관시킨다. 찰스 다윈과 지그문트 프로이트는 우리의 미적 감각과 아름다움에 대한 매혹은 성性적 생식에 대한 의무감과 활력이 넘치는 짝을 얻을 가능성과 연관되어 있다고 주장했다. 『인간의 유래*Descent of Man*』에서 다윈은 다음과 같이 적었다.

> 미에 대한 감각은 남성 특유의 것이라고들 한다. 하지만 화려한 수컷 새들이 암컷 앞에서 다채로운 깃털을 공들여 과시하는 것을 보면, 암컷이 자기 수컷 짝의 아름다움을 보며 감탄한다는 것에는 의심의 여지가 없다. 또한 여성들이 이런 깃털과 같은 장신구로 자신을 꾸미는 것을 보면, 이 같은 장신구들이 아름답다는 사실 역시 의심의 여지가 없다.[4]

인간이 만들어낸 예술작품과 건축물에도 대칭이 풍부하게 담겨 있다. 인도의 이슬람 건축을 대표하는 타지마할에는 중앙에 돔과 아치가 있고, 양옆으로 똑같이 생긴 작은 돔과 네 개의 탑이 대칭으로 자리 잡고 있다. 사각형의 연못이 건물을 향해 이어져 있고, 그 연못 양쪽으로는 사이프러스 나무가 일정한 간격을 두고 서 있다. 그리고 뒤로는 연못이 대칭을 이루고 있다. 알렉산더 잭슨 데이비스Alexander Jackson Davis가 설계한 뉴욕 루스벨트 섬의 옥타곤Octagon 건물 역시 대칭이다.• 그 유명한 레오나르도 다빈치Leonardo da Vinci의 「비트루비안 인간Vitruvian Man」은 바깥을 향해 같은 간격으로 두 쌍의 팔과 다리를 뻗고 있는 남자의 모습을 담았는데, 한 쌍은 원 안쪽에 다른 한 쌍은 정사각형 안쪽에 그렸다. 쾰른대성당의 바닥 모자이크는 대칭으로 자리 잡은 꽃들로 채워진 원이 여러 겹으로 중첩된 모양을 하고 있다. 여러 곳에서 다시 그려진 힌두교의 여신 락슈미Lakshmi의 그림을 보면, 똑같이 생긴 두 팔로 똑같이 생긴 꽃을 위로 치켜들고 원형의 꽃 중앙에 앉아 있다. 그리고 똑같이 생긴 두 개의 팔을 아래로 내리고 꽃잎을 흘리고 있다. 여신 양옆으로는 똑같이 생긴 코끼리 두 마리

• 옥타곤은 19세기 초에 지어진 건물로, 돔을 얹은 팔각형 타워를 중심으로 두 채의 긴 건물이 양쪽으로 연결되어 있는데, 그 배치와 모양이 대칭을 이룬다.

가 똑같이 생긴 항아리로 물을 붓고 있다. 하지만 그림을 자세히 들여다보면 완벽한 대칭에서 살짝 어긋나는 부분이 눈에 띈다. 락슈미 여신이 빨간색 스카프를 왼쪽 어깨에만 두르고, 오른쪽 어깨에는 두르지 않은 것이다.

사실 인간이 만든 예술작품, 그중에서도 그림에서는 약간의 비대칭이 오히려 미적으로 높은 만족감을 주는 듯하다. 20세기의 선도적인 서양미술사가 에른스트 곰브리치Ernst Gombrich는 인간이 질서 정연함에 심리적으로 깊이 끌리는 것은 사실이지만 예술에서는 완벽한 질서가 오히려 심심하게 느껴진다고 이야기했다. 그는 이렇게 적기도 했다.

> 규칙성과 불규칙성의 차이를 어떻게 분석하든지 간에 우리는 궁극적으로 심미적 경험의 가장 기본적인 사실, 즉 미적 즐거움은 지겨움과 혼란 사이의 어딘가에 존재한다는 사실을 설명해낼 수 있어야 한다. 단조로움이 주의를 기울이기 어렵게 만든다면, 과도한 새로움은 시스템에 과부하를 일으켜 우리로 하여금 그냥 포기해버리게 만들 것이다.[5]

1900년대 초 보스턴 화파의 전통을 이어받은 내 아내는 늘 잘 그려진 그림이라면 약간은 중심을 벗어나고 비대칭적인 악센트를 갖고 있어야 한다고 말했다. 그림이나 건축물의 비대칭적 요소는 대칭적인 배경을 바탕으로 비대칭적인 요소가 중첩되었을 때 가장 효과적이다. 자연이 불규칙한 해안선이나 정해진 형태가 없는 구름으로 완벽한 대칭을 가끔씩 깨뜨리는 것을 보면 자연도 아마 화가 노릇을 하는 것이 아닌가 싶다.

미술에서 대칭과 아름다움을 연관시키는 것은 문화적인 측면이 일부분 들어 있다는 점 또한 지적해야겠다. 일부 비서구 문화에서는 비대칭이 대칭만큼이나 매력적으로 다가올 수 있다. 일례로 중국의 만리장성에서는 두드러지는 대칭성을 찾아보기 힘들다. 만리장성은 대칭보다는 자연적인 지형을 따라 세워졌다. 만리장성은 땅의 모양을 따라 구불구불 이어져 있고, 중간의 탑들도 불규칙한 간격으로 세워졌다. 그 결과 주변 환경에 자연스럽게 녹아든다. 중국의 미적 감각은 어떤 면에서는 서구의 미적 감각보다 좀 더 미묘하고 모호하고 불분명하다. 예를 들어 중국에서는 보통 산 자들의 세상과 죽은 자들의 세상이 대칭적 균형을 이루고 있다고 여긴다. 중국의 전통 예술에서도 일부 두드러지는 대칭을 찾아볼 수 있다. 중국의 고전 시에서 보이는 2행 연구連句가 대표적이다. 2행 연구에서는 동사는 동사, 명사는 명사, 운韻은 운과 나란히 놓여 있다.

나는 지금 1949년에 찍은 낡은 사진 한 장을 들여다보고 있다. 이 사진 속의 아기는 나다. 나는 어머니의 무릎 위에 앉아 있다. 어머니 바로 뒤로는 외할머니가 서 있고, 어머니의 오른쪽과 왼쪽으로는 어머니의 할머니, 즉 나에게는 증조할머니인 두 분의 할머니가 각각 서 있다. 다섯 가족이 대칭으로 배열되어 있는 것이다. 나는 다른 대칭이 더 있는지, 아니면 대칭이 부족한 부분이 있는지 살피며 얼굴들을 응시해본다. 물론 인간의 얼굴에는 우리에게 익숙한 대칭성이 존재한다.

좀 더 자세히 들여다본다. 오마Oma라는 이름의 증조할머니는 왼쪽 입꼬리가 아래로 살짝 처져서 얼굴의 대칭성이 깨져 있다. 나는 그렇게 입꼬리가 처진 이유가 결혼하고 불과 몇 년 만에 남편을 잃은 슬픔 때문이 아닐까 생각해본다. 사진을 좀 더 자세히 들여다보니 증조할머니 오른쪽 뺨에 반점이 하나 보인다. 아마도 검버섯이 아닐까 싶은데 이것 역시 대칭성을 깨뜨리고 있다. 하지만 이런 약간의 비대칭성은 대칭적인 배경에 대비될 때라야 비로소 눈에 띈다.

결국 사람이 타지마할 양쪽에 똑같은 탑을 세우고, 어머니의 양쪽에 두 증조할머니를 세워놓은 이유보다는 꿀벌이 완벽한 육각형 모양으로 벌집을 짓는 이유를 설명하기가 더 쉽다. 전자는 심리와 심미적인 이유에 따른 것이지만, 후자는 경제성과 수학에 뒤따르는 결과이기 때문이다. 인간이 어째서 자연에 널리 퍼져 있는 대칭에 매력을 느끼며, 왜 그런 대칭을 흉내 내서 무언가를 만드는지 묻는 것은 인간의 정신과 자연을 따로 구분 짓는 실수일 수 있다. 어쩌면 우리는 모두 자연과 똑같은 존재일지도 모른다. 우리 뇌에 들어 있는 신경세포들은 행성 또는 눈송이와 똑같은 물리법칙을 따른다. 우리의 뇌 역시 자연에서 발달해 나왔다.

인간의 뇌는 수억 년에 걸쳐 햇빛, 소리, 촉감을 통해 몸 주변의 세상과 연결되어 감각적으로 반응하며 진화해왔다. 그리고 우리 뇌의 구조는 꽃, 해파리, 힉스 입자에서 일어난 것과 똑같은 시행착오, 똑같은 에너지 원리, 똑같은 순수수학을 통해 만들어졌다. 이렇게 보면 우리 인간의 미적 특징은 필연적으로 자연의 미적 특징과 동일할 수밖에 없다. 그렇기에 왜 인간이 자연을 아름답다고 느끼는지 묻는 것은 무의미하다. 아름다움, 대칭, 최소한의 원리는 우리가 우주에 포함시켜

놓고 그 완벽함에 감탄하는 속성들이 아니다. 그것은 그저 있는 그대로의 모습일 뿐이다. 원자의 특정 배열이 우리의 정신을 만들어내듯이 말이다. 우리는 바깥에서 안을 구경하는 외부 관찰자가 아니다. 우리 역시 그 안에 속해 있다.

3

영적 우주

• 우리에게는 해답이 없는 질문도 필요하다

The Accidental Universe

10년 전부터 나는 과학자, 배우, 극작가들의 모임에 참석하기 시작했다. 이 모임은 매달 매사추세츠공과대학교의 카펫 깔린 세미나실에서 열렸다. 모임의 존재 이유를 대충 말하자면 과학과 예술이 서로에게 어떤 영향을 미치는지 탐구하는 것이었다. 세미나실을 비추던 늦은 오후의 햇살이 물러갈 때까지 우리는 과학적 발견의 역사에서 창조적 과정의 본성, 배우가 청중과 공감하는 방식, 그리고 뉴욕과 보스턴에서 최근에 공연되고 있는 연극에 이르기까지 온갖 다양한 주제를 토론했다. 우리 모임이 성공적인 이유는 안건을 미리 정해놓는 법이 없기 때문이다. 모임이 시작되면 우리 중 한 사람이 아무거나 생각나는 대로 말을 꺼내기 시작하고, 그럼 다른 사람이 맞장구를 치며 그 주제를 이어가거나 대화 주제를 바꾼다. 그렇게 20분 정도 지나고 나면 기적이라도 일어난 듯 모임에 참가한 모든 사람이 열정을 보이는 한 가지 질문으로 대화의 초점이 맞춰진다.

내가 항상 놀라는 부분은 따로 요청하지 않았는데도 종교적인 내용이 끈질기게 대화 속으로 파고든다는 점이다. 우리 모임의 회원이고 극작가이자 감독인 앨런 브로디Alan Brody는 이것을 이렇게 설명한다. "연극은 언제나 종교에 관한 내용이었어요. 내가 말하는 종교란 우리가 삶의 신조로 삼는 신념을 말하는 겁니다. 그리고 과학은 21세기의 종교죠."[1] 하지만 과학이 21세기의 종교라면 우리는 왜 아직도 천국과 지옥, 사후 세계, 그리고 신의 현시顯示에 대해 진지하게 토론하고 있는 것일까?

모임의 또 다른 회원인 물리학자 앨런 구스는 빅뱅이론의 급팽창 판을 개척했고, 아직 시간이 시작되지 않은 상태(t=0)에서 1조 분의 1조 분의 1조 분의 1초가 지난 유아기 우주에 대한 과학적 이해를 넓히는 데 기여했다. 전 회원이었던 생물학자 낸시 홉킨스Nancy Hopkins는 유기체의 DNA를 조작해 유전자가 생명체의 발달과 성장을 어떻게 조절하는지 연구한다. 이제 현대 과학이 이렇게까지 신을 구석으로 몰아붙였으니 남자인지 여자인지 아니면 이도 저도 아닌 어떤 것인지도 알 수 없는 그 신이라는 존재에게 더 이상은 어떤 행동의 여지도 남지 않은 것일까? 어쩌면 신은 완전히 무의미한 존재로 변해버린 것인지도 모른다.

하지만 그렇지는 않은 것 같다. 한 조사에 따르면, 미국인의 4분의 3 이상이 기적과 영원불멸의 영혼, 그리고 신을 믿는다고 한다. 최근 들어 이름 있는 무신론자들이 신은 존재하지 않는다고 주장하는 책과 선언을 물밀듯 쏟아내고 있는데도 종교는 우리의 문명을 만들어낸 주요 원동력인 과학과 함께 굳건히 자리를 지키고 있다. 과학자와 예술가로 이루어진 우리의 작은 모임은 이런 대조적인 믿음이 공존한다는 사실과, 세상을 이해하는 서로 다른 방식, 그리고 과학과 종교가 어떻게 우리의 정신 속에 함께 공존할 수 있는지에 대해 매력을 느끼고 있다.

* * *

나는 과학자이면서 동시에 인문학자다. 이 때문에 지식에 대한 서로 다른 주장들을 이해하기 위해 무던히도 애를 써왔다. 그리고 그런 노력의 결과로 결국 나는 내가 보기에 과학과 양립이 가능하다고 여겨지는 종교적 믿음의 종류를 체계적으로 정리하게 되었다. 이 여정의 첫 단계는 내가 과학의 '핵심 교리'라 부르는 것에 대한 진술로 시작되었다. 과학의 핵심 교리란 다음과 같다. '물리적 우주physical universe의 모든 속성과 사건들은 법칙의 지배를 받으며, 그 법칙들은 우주의 모든 시간과 공간에 동일하게 적용된다.' 이 교리를 대놓고 언급하는 과학자가 없고, 내 박사학위 지도교수도 대학원생들에게 이것에 대해 단 한 번도 언급한 적이 없지만, 대부분의 과학자에게 이 핵심 교리는 보이지는 않지만 호흡을 가능하게 해주는 산소와 같은 존재다.

물론, 지금 우리는 모든 근본 법칙을 알지 못한다. 하지만 대부분의 과학자는 그런 법칙의 완벽한 집합체가 존재하며, 원칙적으로 인간이 이런 법칙의 집합체를 밝혀낼 수 있다고 믿는다. 그 누구도 북극에 가보지 못한 상태였음에도 북극의 존재를 굳게 믿었던 19세기 탐험가들처럼 말이다. 고립계의 에너지 총량은 일정하게 유지된다는 에너지 보존의 법칙은 과학 법칙의 한 예다. 에너지 보존의 법칙에 따르면, 잘 마른 성냥 속에 잠재되어 있는 화학에너지가 화염의 열에너지와 빛에너지로 변하는 것처럼, 고립된 용기 안에 들어 있는 에너지의 형태는 바뀔 수 있으나 그 총량은 변하지 않는다.

어느 때건 우리는 과학 법칙에 대한 우리의 지식을 확정적이지 않은 '잠정적인 것'이라고 여긴다. 그리고 과학의 역사를 살펴보면, 한 시대에서 또 다른 시대로 넘어가면서 우리가 갖고 있던 잠정적 법칙 중 일부를 수정해야 하는 경우를 종종 접하게 된다. 아이작 뉴턴의 중력 법칙(1687년)이 더욱 심오하고 정확한 아인슈타인의 상대성이론(1915년)으로 바뀐 것이 그 예다. 하지만 이런 수정은 과학적 과정의 일부이며, 이것으로 완벽한 법칙의 집합체가 존재하고 그 법칙은 침범이 불가능하다는 과학의 핵심 교리가 약화되는 것은 아니다. 노벨상을 수상한 물리학자 스티븐 와인버그가 펴낸 책의 제목은 '최종 이론의 꿈'이었다.

과학의 '핵심 교리'를 진술하고 나서 밟은 그다음 단계는, 신에 대한 잠정적 정의를 내리는 것이었다. 내가 감히 신의 본성을 알고 있다고는 말하지 못하지만 논의의 진행을 위해서는 신의 본성에 대해 대부분의 종교가 동의할 수 있는 정의를 내려야 한다. 이에 따라 나는 신이 물리적 우주와 에너지를 지배하는, 법칙에 얽매이지 않는 존재라고 정의 내려본다. 다른 말로 하자면 신은 물질과 에너지의 바깥에 있는 존재다. 대부분의 종교에서 이 존재는 목적과 의지를 갖춘 채 행동하고, 때로는 기존 물리법칙을 거스르기도 하며(즉 기적을 행하며), 지성知性 · 연민 · 전지全知 등의 추가적인 속성을 갖고 있다.

과학의 핵심 교리와 신에 대한 잠정적 정의, 이 두 가지 공리를 출발점으로 삼으면 일단 우주가 시작되고 난 뒤 신이 옆으로 비켜서서 우주를 그냥 지켜보는 것에 만족하는 한, 과학과 신은 양립이 가능하다고 말할 수 있다. 우주의 진자가 운동을 시작했는데 그 이후에 신이 개입해서 물리법칙을 거스른다면 과학의 핵심 교리는 분명 뒤집힌다. 물론 물리법칙 자체도 시간이 시작되기 이전에 신이 창조했을 수 있다. 하지만 과학의 핵심 교리에 따르면, 법칙을 일단 한번 창조한 다음에는 변경할 수도 시시때때로 침범할 수도 없다.

신이 세상 속에서 행동에 나서는 정도에 따라 종교적 믿음을 다음과 같이 분류할 수 있다. 먼저, 한 극단에 무신론

atheism이 있다. 신은 존재하지 않는다. 이것으로 끝이다. 그다음에는 이신론deism이 있다. 이것은 17세기와 18세기에 유행했던 믿음으로, 종교적 사고를 새로운 과학에 접목하려던 동기가 이런 관점이 유행하는 데 한몫했다. 이신론에서는 신이 우주를 창조하기는 했지만 그 이후로는 개입하지 않는다고 주장한다. 볼테르Voltaire는 스스로를 이신론자라 여겼다. 좀 더 활발하게 행동하는 신에게로 한 걸음 더 나가보면 내재론immanentism이 있다. 내재론에서는 신이 우주와 물리법칙을 창조했고 그 이후로도 계속해서 행동하고 있지만, 그런 고정된 법칙을 반복적으로 적용해야만 신이 행동한다고 믿는다. (내재론의 사례로는 오언 토마스Owen Thomas가 쓴 『편집한 세상 속 신의 활동: 현시대의 문제점*God's Activity in the World: The Contemporary Problem*』 참조.[2]) 내재론은 이신론과 철학적인 면에서는 다르지만 기능적으로는 동등하다. 신이 세상 속에서 기적을 행하지 않으며, 과학의 핵심 교리는 그대로 유지되기 때문이다. 아인슈타인은 내재론적 신을 믿었다고 할 수 있다. 마지막으로는 일부 신학자들이 말하는 개입론interventionism이 있다. (개입론의 사례로는 찰스 하지Charles Hodge의 『조직신학*Systematic Theology*』 참조.[3]) 신은 법칙을 어길 수 있으며, 또 실제로 가끔씩 어기기도 한다는 것이다.

기독교, 유대교, 이슬람교, 힌두교 등을 비롯한 대부분의 종교는 신에 대한 개입론적 관점을 옹호한다. 앞에서 논의한 내용에 따르면 이런 종교들은 모두 과학과 양립할 수 없다. 적어도 각기 종교의 정통 주장만을 따지면 그렇다. 여기까지는 순수하게 논리적인 분석으로만 접근했을 때의 이야기다. 우주가 시작된 이후로는 뒷짐 지고 앉아 있는 신을 제외하면 다른 모든 신은 과학의 근본 가정과 충돌한다.

하지만 실제 상황은 이보다 더 복잡하다. 과학자가 아니면서 종교를 믿는 대부분의 사람은 과학의 핵심 교리를 인정하거나 받아들이지 않으면서도 과학의 가치는 인정한다. 그리고 과학자 중에도 과학적 방법론으로는 분석이 불가능하거나 심지어 과학과 모순을 일으키는 물리적 사건이 존재한다고 믿는 경우가 있다. 바꿔 말하면 일부 과학자들은 과학의 핵심 교리를 부정한다는 말이다. 오늘날의 과학자 중에서 상당수가 정통적 의미의 독실한 종교인인 것으로 밝혀졌다. 라이스대학교의 사회학자 일레인 하워드 에클룬드Elaine Howard Ecklund는 최근 한 연구에서 미국 최상위권 대학에 몸담고 있는 1700명에 가까운 과학자들과 면담했는데, 그중 25퍼센트

가 신의 존재를 믿고 있었다.[4]

그 유명한 휴먼 게놈 프로젝트Human Genome Project의 지도자인 프랜시스 콜린스는 최근에 『뉴스위크Newsweek』에서 이렇게 말했다. "저는 27세에 신을 믿게 된 이후로 지금까지 과학과 종교적 신념을 조화시키는 데 아무런 문제를 겪지 않았습니다. …… 과학적 질문을 과학이 던질 수 있는 질문으로만 국한하면, 제가 개인적으로 상당히 중요하다고 생각하는 다른 질문은 건드리지 않고 남겨둘 수 있죠. 이를테면 우리는 왜 여기에 존재하고, 삶의 의미는 무엇이며, 과연 신은 존재하는가 등의 질문 말입니다. 이런 것들은 과학적 질문이 아니죠. 저는 질문을 던질 때는 깊이 생각해보아야 한다고 말하고 싶습니다. 이것이 과연 신념에 관한 질문인지, 과학적 질문인지 따져보아야 한다는 것이죠. 마음속으로 이런 부분을 분명하게 구분한다면 둘 사이에는 어떤 충돌도 일어나지 않습니다."[5]

매사추세츠공과대학교의 원자력공학 교수인 이안 허친슨Ian Hutchinson은 내게 이렇게 말했다. "우주는 신의 행위로 인해 존재합니다. 우리가 '자연법칙'이라고 부르는 것은 신에 의해 유지되고 있습니다. 자연법칙이란 신이 이 세상에 명령을 내리는 일반적인 방식을 기술하는 것이죠. 나는 기적이 역사 속에서도 일어났고, 오늘날에도 실제로 일어나고 있다고 생각합니다. 신뢰할 수 있는 지식이 과학만은 아니라는 것이 저의 관점입니다. 예를 들어 그리스도 부활의 증거 같은 경우 과학적인 방식으로는 접근이 불가능하죠."[6]

하버드대학교의 천문학 및 과학사 명예교수인 오언 깅거리치Owen Gingerich는 이렇게 말한다. "저는 우리의 물리적 우주가 더 넓고 깊은 영적 우주 안에 둘러싸여 있다고 믿습니다. 이 영적 우주는 기적이 일어날 수 있는 우주죠. 이 세상이 대체로 법칙에 근거해서 움직이지 않는다면 우리는 미리 계획을 세울 수도 어떤 결정을 내릴 수도 없겠죠. 따라서 세상을 과학적으로 설명할 수 있다는 것은 중요한 부분입니다. 하지만 이런 설명이 모든 사건에 적용되는 것은 아닙니다. 심지어 과학에서도 증명 없이 당연하게 받아들이는 것이 많이 있죠. 이것은 결국 자신이 어느 쪽을 믿느냐의 문제입니다. 신념이란 증명보다는 희망의 영역에 속하죠."[7]

콜린스, 허친슨, 깅거리치처럼 독실하게 종교를 믿는 과학자들은 과학에 대한 믿음과 개입론적 신의 존재에 대한 믿음이 양립할 수 있는 세계관을 받아들였다. 다시 말해 물리학, 생물학, 화학의 법칙들이 물리적 우주의 행동을 '거의 항상' 자치적으로 지배한다는 세계관을 말이다. 이런 세계관에서는 우주가 거의 대부분 법칙에 따라 행동하므로 우리가 그 법칙을 진지하게 연구하는 것이 가능하다. 하지만 가끔은 신이 개입해서 이런 법칙에 얽매이지 않고 행동하기도 한다. 이런 예외적인 신의 작용은 과학적 방법론으로는 분석할 수 없다는 것이 이들의 주장이다.

* * *

이제 나도 솔직한 내 입장을 밝히겠다. 나는 무신론자다. 나는 과학의 핵심 교리를 100퍼센트 지지한다. 그리고 물질과 에너지를 초월하는 존재를 믿지 않는다. 비록 그 존재가 물리적 세계의 소동에 개입하는 것을 삼간다고 해도 말이다. 하지만 과학이 지식에 이르는 유일한 길은 아니며 시험관과 방정식만으로는 도달할 수 없는 흥미롭고 중요한 질문이 존재한다는 콜린스, 허친슨, 깅거리치의 주장에도 동의한다. 예술이라는 광대한 분야는 분명 과학으로는 분석할 수 없는 내적 경험을 다루고 있다. 역사와 철학 같은 인문학은 만장일치의 해답이 존재하지 않는 질문을 던진다.

마지막으로 나는 우리가 물리적 증거 없이, 그리고 심지어 가끔씩은 증명할 방법조차 없이 오로지 신념에 근거해서 받아들이는 것이 있다고 믿는다. 어떤 특정 소설의 결말 부분이 좀처럼 머릿속을 떠나지 않는 이유를 우리는 꼬집어 말할 수 없다. 우리가 대체 어떤 상황에서 아이의 목숨을 구하기 위해 자신의 목숨을 기꺼이 희생하는지도 증명할 수 없다. 우리는 가족을 먹여 살리기 위해 도둑질하는 것이 과연 옳은 일인지 그른 일인지 증명할 수 없고, 심지어는 '옳음'과 '그름'의 정의에 대해서도 의견이 엇갈린다. 우리는 우리 삶의 의미가 무엇인지, 심지어는 삶이라는 것이 어떤 의미가 있기는 한 것인지도 증명할 수 없다. 이런 질문에 대해 증거를 수집하고 토론을 벌일 수는 있지만, 물리학자들이 30센티미터 길이의 진자가 한 주기 동안 흔들리는 데 몇 초가 걸리는지 결정하는 방식과 같은 분석 체계에 이를 수는 없다. 미학, 도덕률, 철학과 관련된 질문들은 예술과 인문학을 위한 질문이며, 뭐라고 꼬집어 말하기 어려운, 전통 종교의 일부 관심사와 맥을 같이 하는 질문이기도 하다. 한 가지 예를 더 들자면, 나는 과학의 핵심 교리가 참임을 증명할 수 없다.

오래전 물리학과 대학원생이었을 때 나는 '우량조건문제 well-posed problem'라는 개념을 배웠다. 우량조건문제란 충분히 명확하고 정확하게 진술할 수 있기 때문에 해답이 보장된 질문, 즉 문제의 답이 존재하고 그 해解가 오직 하나로 결정될 수 있는 조건의 문제를 말한다. 과학자들은 늘 우량조건문제를 대상으로 연구한다. 연구자들이 특정 질문에 대한 해답을 찾는 데는 몇십 년 또는 평생이 걸리기도 한다. 과학은 새로운 실험 자료나 개념과 발맞추기 위해 끊임없이 스스로를 수정하고 있지만, 모든 과학자는 우량조건문제를 연구하고 있거나 적어도 연구하려 시도하고 있다.

이와 같이 과학자들은 항상 명확한 해답이 존재하는 질문을 추구한다. 일찍부터 우리 과학자들은 명확하고 분명한 해답이 존재하지 않는 질문 따위에 시간을 낭비하지 말라고 배운다. 하지만 예술가와 인문학자들은 해답이 무엇인지 신경 쓰지 않는 경우가 많다. 흥미롭고 중요한 질문이라고 해서 모두 명확한 해답이 존재하는 것은 아니기 때문이다. 소설에 들어 있는 구상이나 교향곡에 담긴 감정은 인간 본성에 내재된 모호함 때문에 복잡하다. 소설 『죄와 벌』에 등장하는 매우 세심한 인물인 라스콜니코프가 늙은 전당포 주인을 잔혹하게 살해한 이유가 무엇인지, 플라톤이 주창한 이상적인 형태의 정부가 과연 인간 사회에서 실현될 수 있을지, 만약 우리가 천 년을 산다면 지금보다 더 행복해질지와 같은 질문에 결코 완벽하게 대답할 수 없는 이유도 바로 이런 애매모호함 때문이다.

예술가와 인문학자들은 해답보다는 질문을 더 중요하게 여기는 경우가 많다. 한 세기 전에 독일의 시인 라이너 마리아 릴케Rainer Maria Rilke는 이렇게 적었다. "우리는 잠긴 문처럼, 아주 낯선 외국어로 쓰인 책처럼 질문 그 자체를 사랑하려고 노력해야 한다."[8] 이와는 다르게 분명한 해답이 존재하지만 대답할 수는 없는 질문도 있다. 신이 존재하느냐는 질문이 그런 경우다.

이처럼 인간으로서 우리에게는 해답이 존재하는 질문뿐만 아니라 해답이 없는 질문도 필요한 것이 아닐까?

매사추세츠 세미나실에서 오가는 대화를 상상해본다. 복도에서는 학생들이 웅성거리는 소리가 들려오고 나무판을 덧댄 벽에 걸린 아인슈타인, 왓슨, 크릭의 사진이 말없이 우리를 내려다보고 있다. 제리가 말한다. "당신이 한 말에 나도 상당 부분 동감합니다. 하지만 우리는 물리적 실재와 우리 머릿속에 있는 존재를 구분할 필요가 있습니다. 그리스도의 부활 같은 것은 물리적 사건이죠. 이것은 실제로 일어났거나 일어나지 않았거나 둘 중 하나입니다." 데브라가 말한다. "하지만 무엇이 물리적 실재인지 어떻게 압니까?" 레베카가 말한다. "당신은 마치 버클리 주교Bishop Berkeley●처럼 말하는군요."

* * *

역사를 통틀어 철학자와 신학자, 과학자들은 다양한 종교적 믿음을 옹호하거나 반박하는 주장을 내놓았다. 최근에는 우주론·생물학·진화론 등이 발전하면서 몇몇 저명한 과학자들이 신의 존재를 뒷받침하기 위해 제기된 주장들을 과학을 이용해 반박하고 있다. 스티븐 와인버그, 샘 해리스Sam Harris, 로렌스 크라우스Lawrence Krauss와 같은 비평가 중에서 가장 목소리를 높이는 사람은 영국의 진화생물학자인 리처

● 18세기에 활동한 아일랜드의 관념론 철학자로, 물질적인 것은 없고, 오직 정신적인 사건과 그것을 지각하는 사고방식이 있을 뿐이라는 이론을 주장했다.

드 도킨스Richard Dawkins다.

폭넓게 읽힌 『만들어진 신』에서 도킨스는 신의 존재를 옹호하는 두 가지 흔한 주장을 현대생물학, 천문학, 진화론, 통계학 등을 이용해 공격하고 있다. 그 두 가지 주장이란 지능을 가진 강력한 존재만이 우리가 접하는 이런 우주를 설계할 수 있다는 주장(지적 설계론)과 우리의 도덕심 특히나 곤경에 처한 사람을 도우려는 욕망을 설명할 수 있는 것은 신의 행위와 의지밖에 없다는 주장이다. 간단히 말하자면 도킨스는 안락한 지구에 자리 잡은 우리의 상황을 비롯해 우주에서 일어나는 다양하고 놀라운 현상들이 초자연적 존재나 지적 설계자의 개입 없이 순수하게 자연법칙과 무작위적인 과정만으로도 얼마든지 일어날 수 있음을 보여주었다. 더 나아가 그는 우리의 도덕심과 이타주의도 굳이 신을 끌어들일 필요 없이 개별 유전자에 적용되는 자연선택의 과정을 통해 논리적으로 이끌어낼 수 있음을 보여주었다.

우리 지구의 안락한 환경을 예로 들어보자. 우리와 지구의 모든 생명은 운 좋게도 액체 상태의 물을 갖고 있다. 대부분의 생물학자들은 우리가 알고 있는 형태의 생명체가 존재하기 위해서는 물이 반드시 필요하다고 믿는다. 그리고 액체 상태의 물이 존재하려면 우리가 사는 행성이 태양과 적당한 거리를 유지해야 한다. 태양과 너무 가까워지면 온도가 올라가 물의 끓는점을 넘겨서 곤란하고, 너무 멀어지면 온도가 물의 어는점 아래로 떨어져서 곤란하다. 지적 설계론을 주장하는 사람들은 이런 유리한 조건이 조성되어 있다는 사실이 바로 우리 지구에 생명체가 있기를 원한 설계자가 존재한다는 증거라고 말한다. 그러나 도킨스와 몇몇 과학자들은 이를 대신할 설명을 제시한다.

우리 은하에는 분명 수십억의 수십억 배가 넘는 수많은 태양계가 존재하고, 각각의 태양계에는 중심 항성과 서로 다른 거리를 갖는 여러 행성이 존재한다. 물론 대부분의 태양계에는 액체 상태의 물이 존재할 만큼 적당한 거리를 유지하는 행성이 존재하지 않는다. 하지만 그래도 그중에는 적당한 거리를 유지하는 행성이 있다. 우리는 바로 그런 행성에 살고 있다. 그렇지 않다면 지금 여기서 이런 문제를 고민하는 우리도 존재하지 않을 테니까 말이다. 도킨스는 영리해서 자신이 신이 존재하지 않음을 증명해 보였다고 주장하지는 않았지만, 자신의 책 가운데 한 장의 제목을 '신이 없는 것이 거의 확실한 이유Why There Almost Certainly Is No God'라고 지었다.

한 사람의 과학자로서 나는 신의 존재를 옹호하는 이 두 주장, 즉 지적 설계론과 도덕심 논증을 반박하는 도킨스의 논리가 완벽한 설득력을 갖추고 있다고 생각한다. 하지만 그도 인정하리라 생각한다. 한 명제를 뒷받침하기 위해 제시된 주장이 거짓임을 입증해 보였다고 해서 그 명제 자체가 거짓임이 입증된 것은 아니다. 우리 우주를 창조한 것이 무엇인지 과학은 결코 알아낼 수 없다. 내일 당장 우리 우주가 만들어낸 또 다른 우주가 관찰된다고 해도(이는 일부 우주론에서는 이론적으로 일어날 수 있는 일이다) 우리는 우리 우주를 만든 것이 무엇인지 알 수 없다. 신이 물리법칙을 위반하는 방식으로 현재의 우주에 개입하지 않는 한 과학은 신이 존재하는지 존재하지 않는지 알아낼 방법이 없다. 따라서 그 존재 여부에 대해 믿을지 말지는 전적으로 신념의 문제다.

리처드 도킨스든 누구든 얼마든지 열을 내며 신의 존재를 부정하는 주장을 펼칠 수야 있겠지만, 이미 신념을 갖고 있는 사람 중에 그런 주장에 설득될 사람은 얼마 없을 것이다. 개입하지 않는 신을 믿는 사람이든(이 경우 과학적 논증은 무의미해진다) 콜린스와 허친슨, 깅거리치처럼 신은 물질과 에너지의 제약과 과학적 분석을 초월한다고 믿는 사람이든 말이다. 리처드 도킨스의 업적은 이 주제에 대한 논의를 자극하고 무신론의 표출을 강화했다는 점이다. 그 점에서는 나도 그에게 경의를 표한다.

하지만 도킨스의 주장에서 내가 불편함을 느끼는 부분은 그가 종교와 종교적 감수성을 도매금으로 취급하고 있다는 점이다. 1992년 에든버러 국제과학페스티벌Edinburgh International Science Festival, EIF 연설에서 도킨스는 이렇게 말했다. "신념이란 거대한 핑곗거리에 불과합니다. 증거에 대해 생각하고 평가할 필요가 있음에도 그것을 회피하려는 커다란 변명이죠. 신념이란 증거가 부족한데도, 아니 어쩌면 증거가 부족하기 때문에 무언가를 믿는 것입니다."[9] 그리고 2001년 9·11 테러가 일어나고 한 달 뒤에 도킨스는 영국의 일간지 『가디언The Guardian』에서 이렇게 말했다. "우리 중에는 종교를 해로울 것 없는 난센스라고 여기는 사람이 많습니다. 신념을 뒷받침할 만한 증거가 부족할지는 몰라도 위안을 삼을 버팀목이 필요한 사람이 있다면 그것을 믿어서 해로울 것이 무엇이냐고 생각하죠. 하지만 9·11 테러로 모든 것이 바뀌었습니다."[10] 도킨스는 신념을 지닌 사람들에게 '생각 없는 사람'이라는 딱지를 붙이고 있다.

내가 보기에는 도킨스가 신념에 대해, 그리고 사람에 대해 아주 편협한 관점을 갖고 있는 듯하다. 과학적 발견과 모순되는 신념이 나온다면 오히려 내가 먼저 발 벗고 나서서 문제를 제기했을 것이다. 하지만 앞에서 말했듯이 과학적 방법론을 적용할 수 없고 과학적으로 단순하게 환원시킬 수도 없는 것임에도 믿는 것들이 존재한다. 더군다나 신념, 그리고 초월에 대한 열정은 인류가 만들어낸 수많은 정교하고 아름다운 창작물의 원동력이 되었다. 인도 시인 타고르Tagore가 쓴 『기탄잘리*Gitanjali*』의 시구, 헨델이 작곡한 오라토리오 「메시아The Messiah」, 유수프 1세Yusuf I가 세운 알함브라의 나스르궁전, 미켈란젤로가 그린 시스티나성당의 천장 벽화 등을 생각해보자. 타고르, 헨델, 유수프 1세, 미켈란젤로의 작품들이 과연 생각 없이 만들어진 것일까? 도킨스의 말대로 난센스를 믿기 때문에? 예술 분야를 떠나 사회문제 영역으로 넘어가 보자. 에이브러햄 링컨, 마하트마 간디, 넬슨 만델라 같은 사람들도 종교적 신념을 지녔고 증명할 수 없는 것을 믿었으니 그들에게도 '생각 없는 사람'이라는 딱지를 붙여야 할까? 그들의 신념에 모두 동조할 수는 없어도 영향력 있는 사상가이자 실천가로서 그들의 가치를 인정해줄 수는 없을까?

넓은 의미로 보면 신념이란 그저 신의 존재를 믿거나 과학적 증거를 무시하는 것이 아니라 그것을 훨씬 뛰어넘는 개념이다. 신념이란 때로는 완전히 이해할 수 없는 무언가에 자신을 기꺼이 내던지겠다는 의지다. 신념이란 자신보다 훨씬 큰 무언가가 존재한다는 믿음이다. 신념이란 때로는 고요함을 존중하면서도 때로는 열정과 충만의 물결에 올라탈 줄도 아는 능력이다. 이것이 곧 예술적 충동이자 상상력의 나래이며, 영롱하게 반짝이는 이 이상한 세상에 온전히 참여하는 일이다.

도킨스의 글에는 종교가 인간의 문명에서 파괴적인 힘으로 작용했다는 언급이 여기저기 등장한다. 인간이 종교라는 이름으로 타인에게 엄청난 고통과 죽음을 가했던 것은 분명한 사실이다. 하지만 이 점은 과학도 마찬가지다. 특히나 20세기 이후 물리학자, 생물학자, 화학자들은 수많은 파괴적인 무기를 만들어냈다. 과학이나 종교 모두 좋은 일에 쓰일 수도 있고 나쁜 일에 쓰일 수도 있다. 인간이 그것을 어떻게 사용하느냐가 문제일 뿐이다. 인간은 과학을 이용해 질병을 치료하고 농업을 발전시키고 물질적 풍요를 키우고 소통의 속도를 높였듯이, 종교적 열정에 이끌려 학교와 병원을 짓고 시와 음악을 만들고 아름다운 사원들을 건축했다.

* * *

한 물수리 가족이 메인주에 있는 내 여름 별장 근처에 커다란 둥지를 틀고 여러 해 동안 살았다. 번식 철이 돌아올 때마다 나는 물수리들의 행동과 습성을 주의 깊게 관찰했다. 4월 중순이면 부모 물수리들이 남미 대륙에서 겨울을 보내고 이곳에 도착해 알을 낳는다. 6월 초면 알에서 새끼들이 부화한다. 아빠 물수리가 새끼들에게 먹일 물고기를 열심히 둥지로 물어 오면 그것을 받아먹고 새끼들은 무럭무럭 자란다. 그리고 8월 초순이나 중순 정도면 첫 비행을 할 수 있을 정도로 몸집이 커진다.

아내와 나는 이렇게 물수리 가족이 찾아오고 떠나는 모습을 사진과 글로 모두 기록했다. 해마다 부화한 새끼가 몇 마리인지도 적어두었는데 보통은 한 마리나 두 마리지만 가끔은 세 마리가 태어날 때도 있었다. 우리는 새끼 물수리가 언제 처음 날갯짓을 했는지도 써놓았다. 보통은 둥지에서 날아오르기 2주 전쯤에 첫 날갯짓을 한다. 우리는 위험할 때, 배

고플 때, 먹이가 도착할 때, 부모 물수리가 내는 서로 다른 울음소리도 기억하고 있다. 몇 년에 걸쳐서 이런 자료를 수집하고 나니 이 물수리들에 대해 잘 알고 있는 기분이 들었다. 우리는 서로 다른 상황에서 물수리들이 내는 소리와 비행 방식은 물론, 폭풍이 불 조짐이 있을 때 보이는 행동까지도 예측할 수 있었다. 겨울이면 '물수리 일기'를 읽으며 자부심과 만족을 느꼈다. 우리가 우주의 작은 부분을 세심하게 관찰해 기록으로 남긴 것이다.

그러다가 8월의 어느 오후, 우리 집 테라스 위에 서서 둥지를 지켜보고 있는데 그해에 태어난 새끼 물수리 두 마리가 첫 비행을 위해 날아올랐다. 내가 이 새끼 물수리들을 지켜보고 있었던 것처럼 여름 내내 그 녀석들 역시 테라스 위에 서 있는 나를 지켜보고 있었을 것이다. 그들은 자기들처럼 나도 둥지에 있는 것이라 생각했음이 분명하다. 그들은 내 집 위로 둥글게 원을 그리며 날더니 갑자기 무시무시한 속도로 나를 향해 날아들었다. 당장 어디로든 숨고 싶었다. 물수리들이 강력한 발톱으로 나의 살을 찢어놓을 수도 있었기 때문이다. 하지만 무언가가 나를 붙잡았다. 나와 거리가 6미터 정도로 가까워졌을 때 그 녀석들은 갑자기 위쪽으로 방향을 틀더니 멀어져갔다. 하지만 황홀하고 눈부신 수직 상승 곡예비행이 있기 전 우리는 0.5초 정도 눈을 마주쳤다. 그 순간에 우리 사이에서 오고 간 것이 무엇인지 말로는 표현할 수 없으리라. 그것은 유대감의 눈길이자 상호 존중의 눈길이었고, 우리가 같은 땅을 공유하고 있다는 인정의 눈길이었다. 새끼 물수리들이 사라지고 난 뒤 나는 눈물을 흘리며 몸을 떨었다. 오늘까지도 그 0.5초 사이에 대체 무슨 일이 일어났는지 나는 제대로 이해하지 못하고 있다. 하지만 그 순간은 내 인생에서 가장 심오한 순간이었다.

* * *

목련꽃이 활짝 피어날 무렵인 2012년 4월, 내 고향 테네시주에서는 학생들이 진화론과 기후 변화, 기타 과학 이론에 이의를 제기하는 것을 허용하는 교사들을 보호하기 위해 새로운 법안을 채택했다. 물론 어떤 지식이 되었든 거기에 의문을 제기하고 검증하는 것은 분명 건강한 활동이다. 하지만 비평가들은 새로운 법안에 대해 걱정이 많다. 이 법안이 학교가 창조론과 진화론을 대등한 위치에 올려놓을 수 있도록 암묵적으로 허용함으로써 다시 한 번 과학과 종교를 혼란에 빠뜨리지 않을까 염려하는 것이다. 새 법안은 과학과 종교의 경계가 어디인가 하는 해묵은 쟁점을 다시 끄집어냈다. 대체 그 경계는 정확히 어디일까? 과학과 종교에서 지식의 종류는 어떻게 다른 것일까? 그리고 우리는 그런 서로 다른 종류의 지식을 어떻게 얻는 것일까? 이것은 쉽지 않은 질문이다. 나는 내 인생의 상당 부분을 이런 질문과 씨름하며 보냈다. 여러 해에 걸쳐 나는 물리학자로서 과학의 세계에서 살아왔고, 과학적 방법론과 논리를 훈련받았다. 그리고 나는 한 사람의 소설가로서 예술과 인문학의 세계에서 살아왔고, 이성적 분석의 영역 너머에 믿음과 경험이 존재한다는 것도 이해하고 있다.

대략적으로 말하면 과학의 지식에는 두 가지 종류가 있다. 바로 물리적 실재의 속성property과 그런 물리적 실재를 지배하는 법칙law이다. 후자를 우리는 '자연법칙'이라 부른다. 예를 들어보자. 우리는 골프공의 크기와 질량을 알고 있다. 그리고 나이팅게일이 내는 울음소리를 알고 있고, 햇빛의 색깔도 알고 있다. 현대 과학에서는 저울과 자, 그리고 우리 몸 외부에 있는 다른 장비들을 이용해 이런 사실을 알아낸다. 옛날에는 인간의 시각과 청각, 촉각 등을 이용해 세상을 헤아렸다.

하지만 이런 감각은 사람마다 차이가 있어서 표준화하기가 쉽지 않고 명확하지도 않다. 실제로 우리 눈은 햇빛의 색깔을 살짝 빨간색을 띤 노란색으로 애매하게 받아들인다. 좀 더 정확하고 신뢰성 있는 측정 방법은 햇빛을 프리즘에 통과시킨 뒤에 전자장치를 이용해 빨간빛의 양, 노란빛의 양, 초록빛의 양 등을 측정하는 것이다. 사물의 속성을 결정할 때 과학은 되도록 여러 번 반복해서 측정할 수 있고, 그때마다 똑같은 결과가 나올 수 있는 방식을 이용하려 한다.

자연법칙은 좀 더 추상적이다.• 자연법칙은 물질과 에너지가 행동하는 방식에 관한 수학적 규칙이다. 앞에서 과학 법칙의 한 예로 에너지 보존의 법칙을 들었다. 중력의 법칙은 또 다른 과학 법칙의 예다. 17세기에 뉴턴이 발견한 중력의 법칙은 사물의 질량, 그리고 서로 떨어져 있는 거리를 바탕으로 사물 간에 작용하는 힘을 정량화한다. 예를 들어 중력의 법칙을 알고 있으면 골프공을 3미터 높이 또는 그 어떤 높이에서 떨

• 여기서 말하는 추상성은 자연에서 일어나는 구체적인 현상들을 뉴턴의 운동 방정식이나 아인슈타인의 상대성이론 같은 추상화된 수학적 방식으로 표현할 수 있음을 의미한다. 과학이란 본질적으로 구체적인 여러 현상을 관통하는 보편적인 법칙을 찾아내는 것이고, 이런 과정을 추상화 과정이라고 볼 수 있다.

어뜨리더라도 지면에 닿을 때까지 걸리는 시간을 소수점 자리까지 정확하게 예측할 수 있다. 똑같은 골프공을 달이나 화성에 가서 떨어뜨려도 마찬가지로 지면에 닿기까지 그 시간을 정확히 예측할 수 있다. 앞에서 이야기했듯이 과학의 핵심 교리에서는 자연법칙이 우주 어느 곳을 가더라도 동일하다고 말한다.

과학의 역사는 곧 자연법칙을 점진적으로 발견하고 수정해나가는 과정이었다. 우리는 단순함이나 아름다움 같은 개념 또는 낡은 법칙에서 영감을 얻고, 추측을 통해 새로운 법칙을 발견할 때가 많다. 하지만 이때도 역시 이런 추측을 실험을 통해 검증해야 한다. 행성의 공전궤도가 원을 그린다는 등의 일부 추측은 보기에는 아름다웠지만 세심한 관찰과 실험을 통해 잘못된 개념임이 밝혀졌다.• 새로운 측정 장비를 개발하고, 더 나은 실험 방법을 고안하고, 과학적 원리에 대한 개념을 다시 새로 구상하는 과정에서 우리는 자연법칙이라고 생각했던 내용들을 지속적으로 새롭게 수정해 왔다.

• 17세기 과학자 요하네스 케플러는 행성의 공전궤도가 원이 아닌 타원임을 밝혀냈다.

뉴턴이 공식화한 중력의 법칙은 대부분의 분야에서 매우 정확하다. 하지만 뉴턴의 중력 법칙은 20세기 초에 아인슈타인이 발견한 훨씬 더 정확한 중력 법칙으로 대체되었다. 아인슈타인의 중력 법칙도 완벽하지는 않다. 양자물리학을 포함하지 않기 때문이다. 따라서 언젠가는 이 법칙 역시 양자물리학을 포함하는 새로운 법칙으로 대체되리라는 데는 의심의 여지가 없다. 현재 우리는 모든 자연법칙을 알지 못한다. 또한 우리가 지금 공식화해놓은 법칙들 대부분이 언젠가 미래에는 새로이 수정되리라 생각하고 있다. 하지만 대부분의 과학자는 모든 물리 현상을 지배하는 완벽하고 최종적인 법칙의 집합체가 존재하며, 우리가 그런 법칙의 발견을 향해 꾸준히 나아가고 있다고 믿는다. 이런 믿음이 과학의 핵심 교리 일부를 차지한다.

이제 종교 쪽으로 눈을 돌려보자. 하버드대학교의 철학자 윌리엄 제임스William James는 종교 연구의 이정표가 된 『종교적 경험의 다양성*Varieties of Religious Experience*』이라는 책에서 종교에 대해 다음과 같이 기술했다. "최대한 개괄적이고 일반적인 용어로 종교의 특징을 기술해보자면, 종교는 이 세상에 우리 눈에 보이지 않는 질서가 존재하고, 우리 최고의 선은 우리 자신을 그 질서에 조화롭게 맞추어가는 데 있다는 믿음으로 이루어졌다."[11] 바로 뒤에서 다시 언급하겠지만, 제임스의 기술에서 '믿음'이 갖는 주요한 역할 때문에 종교는 지극히 개인적이고 주관적인 경험이 된다. 일부 예외가 있기는 하지만 이것이 종교와 과학을 구분 짓는 경계다.

나는 종교에는 두 가지 지식이 존재한다고 말하고 싶다. 바로 초월적 경험과 유대교의 『구약성서』, 기독교의 『신약성서』, 이슬람교의 『코란*Koran*』, 힌두교의 『우파니샤드*Upanisad*』 등 종교의 성전聖典에 담긴 내용이다. 일부 종교 지도자들은 종교적 지식을 '신념faith' 또는 '직관적 지식intuitive knowledge', '지혜wisdom' 등으로 불러야 한다고 주장한다.

초월적 경험이란 보이지 않는 어떤 신성한 질서와 연결되는 직접적이고 생생한 경험으로, 제임스의 책에 등장하는 한 성직자의 말에 아름답게 표현되어 있다.

> 그날 밤을 기억합니다. 언덕 꼭대기 가까운 곳에서 내 영혼이 활짝 열렸습니다. 말하자면 창조주Infinite를 향해 열리는 느낌이었죠. 그리고 내면의 세계와 외부의 세계, 이 두 세계가 서로에게 달려들어 하나가 되었습니다. 그것은 심연을 향

한 깊은 부름이었습니다. 헤아릴 수 없는 외부의 심연으로부터 답을 받아 몸부림으로 열어젖힌 내면의 심연이었죠. 저는 별 너머까지 뻗어 나갔습니다. 나를 만드신 창조주, 그리고 세상의 모든 아름다움, 사랑, 슬픔, 유혹까지도 모두 함께 홀로 서 있었습니다. 나는 그분을 찾지 않았으나 내 영혼이 그분의 영靈과 완벽하게 하나가 되는 것을 느꼈습니다. …… 그 이후로는 신의 존재와 관련한 어떤 증거도 나의 신념을 흔들 수 없었습니다. 신의 영이 존재함을 한번 느끼고 나니 그 신념을 두 번 다시 잃는 일은 없었습니다. 신의 존재에 대한 가장 확실한 증거는 그 지고한 경험의 기억 속에 담긴 통찰에 뿌리를 두고 있습니다.[12]

이 글에 담긴 초월적 경험은 지극히 개인적이고 직접적인 경험의 속성 때문에 힘을 얻고 있다. 언덕 위에서 그 순간을 겪었던 성직자는 자신이 느낀 것에 대해 조금도 의심이 없으며, 그가 기억하는 순간의 느낌은 자신의 존재에 대한 일종의 진리, 또는 앎knowledge, 그리고 우주와 하나로 연결되는 느낌을 나타내고 있다. 세상 누구도 그런 개인적인 경험을 부정할 수는 없다. 그리고 그 성직자가 자신의 경험을 과학, 신학

또는 성전 등을 통해 아무리 분석하려 해도 경험은 결국 모든 분석을 뛰어넘을 것이다. 진리, 그리고 진리가 갖는 힘은 주관적인 경험 그 자체에 있다. 제임스는 이렇게 적었다. "진리의 본체를 세우는 것은 언제나 우리의 충동적인 믿음이며, 언어로 또렷하게 표현된 철학은 그것을 정형화된 문구로 현란하게 옮겨놓은 것에 불과하다."[13] 강력한 무한의 느낌, 세상에는 보이지 않는 질서가 존재한다는 믿음, 무언가 신성한 것과 함께 있다는 느낌 등은 모두 개인적인 것이다. 이런 경험의 특성은 전압계를 판독하듯 수량화하거나 측정하기가 불가능하며, 다른 사람에게 있는 그대로 전달하는 것도 불가능하다. 이런 특성은 한 개인이 자기만의 특별한 시간에 직접 경험하는 수밖에 없다.

개별 과학자들의 다양한 연구 방식과 자신의 연구에 대한 느낌과 열정을 보면, 과학에도 역시 이런 개인적 경험과 비슷한 것이 존재함을 알 수 있다. 사실 과학자에게 실험실에서 밤을 꼬박 새우게 만들고, 동이 틀 때까지 칠판에 방정식을 끼적이게 만드는 것은 과학자의 개인적 헌신이다. 저명한 화학자인 마이클 폴라니Michael Polanyi의 『개인적 지식*Personal Knowledge*』에 아름답게 표현되어 있듯이,[14] 과학 분야가 제대로 돌아가려면 과학자들이 자신의 연구에 이렇게 감정적으로, 그리고 개인적으로 몰두하는 것이 필요하다. 하지만 과학의 본질은 개인적인 부분이 배제된 객관성에 있다. 일단 실험이 마무리되어 방정식이 유도되고 나면 그것을 발견했다고 주장하는 과학자가 정서적으로 거기에 얼마나 애착을 느끼는지, 또는 그 과학자가 아침에 연구하는 것을 좋아하는지 오후에 연구하는 것을 좋아하는지와는 상관없이 그 결과가 다른 조건에서 다른 과학자들에 의해 반드시 재현될 수 있어야만 인정을 받는다. 심리학 분야를 제외하면 과학은 우리의 정신 바깥에 존재하는 외부 세계에만 관여한다. 사실 과학도 실천이라는 면에서는 개인적이고 인간적인 부분이 존재하지만, 개인의 문제와 완전히 구분되는 객관적인 증명authentication이라는 차원이 거기에 추가된다. 그리고 우리의 정신 외부에 존재하는 이 추가적인 차원이 바로 과학을 진정한 과학으로 만들어준다.

또 다른 종류의 종교적 지식인 성전은 때로는 거대한 은유로 취급받기도 하고, 때로는 말 그대로의 진리로, 또는 영감을 받은 인간의 가르침으로, 또는 신의 말을 직접 옮긴 것으로 취급받기도 한다. 십계명 또는 『바가바드기타*Bhagavad Gita*』

에 나오는 크리슈나가 아르주나에게 해준 조언 등 성전에 담긴 내용 중 일부는 도덕적인 삶을 사는 방법이나 의미와 가치에 관한 철학에 대해 기술한 것이다. 그리고 기원전 1300년경에 유대인들이 이집트에서 탈출한 이야기를 다룬 「출애굽기」나 그리스도의 부활 등의 내용은 역사적 사건을 다루고 있다. 역사적 사건에 대한 진술을 문제 제기나 검증 없이, 다른 말로 하면 증명 없이 그대로 받아들일 수도 있다. 이런 지식을 주관적 지식 또는 믿음이라 부를 수 있다. 이것은 과학적 지식이 아니다.

과학 역시 증명이 없는 믿음을 몇 가지 끌어들인다. 내가 앞에서 이야기했던 과학의 핵심 교리에 대한 믿음이 한 예다. 우주의 모든 곳에 똑같은 자연법칙이 적용된다는 것을 입증할 방법은 없다. 우주의 모든 부분에서 자료를 수집하는 것이 불가능하기 때문이다. 우리가 우주에서 가장 멀리 떨어진 은하계로부터 수집한 자료들은 모두 보편적 법칙의 집합체와 모순을 일으키지 않지만, 우리가 우주에 존재하는 모든 원자와 분자를 검증해볼 수는 없는 노릇이다.

과학에서 믿고 있는 또 다른 교리는 우리 인간이 자연법칙을 결국 밝혀낼 수 있다는 것이다. 존 밀턴의 『실낙원』에서 아담이 대천사 가브리엘에게 천체의 운동에 대한 질문을 던지자, 가브리엘은 하늘을 연구하면 축을 중심으로 도는 것이 지구인지 하늘인지 알아낼 수 있을 테지만, 나머지는 인간과 천사가 알아낼 수 없도록 위대한 설계자가 현명하게 잘 숨겨놓았기 때문에 신의 비밀을 알아낼 수 없으리라고 대답한다.[15] 하지만 대천사 가브리엘의 말과 달리 과학자들은 물리적 세상에 관한 모든 지식이 인간이 발견할 수 있는 영역 안에 들어와 있다고 믿는다. 과학에서는 물리적 우주에 관한 그 어떤 지식도 금지되어 있지 않다.

지식의 또 다른 원천인 성전으로 다시 눈길을 돌려보자. 여기에 담긴 역사적 진술들을 당시에 작성된 정당성이 입증된 문서나 목격담, 연대를 추적할 수 있는 유물, 관련된 사건들의 맥락, 타당성 등 역사가들이 이용하는 것과 똑같은 종류의 증거를 바탕으로 검증해볼 수 있다. 마지막으로 만약 성전의 내용이 은유적인 것이라 생각한다면 믿음이나 증명 같은 것은 필요 없다. 셰익스피어의 『템페스트*The Tempest*』나 베토벤의 교향곡 「영웅Eroica」을 감상할 때처럼 그 안에 담긴 이야기 자체를 통해 깨달음을 얻고 행복을 느끼면 그만이다.

물리적 우주와 영적 우주를 구분하는 것이 때로는 유용

할 때가 있다. 물리적 우주는 과학자들이 연구하는 온갖 물리적 물질과 에너지의 집합체이고, 영적 우주는 제임스가 말한 '보이지 않는 질서', 종교의 영역, 그리고 대부분의 인류가 시대를 거치며 믿어왔던 비물질적이고 영원한 존재다. 물리적 우주에는 합리적 분석과 과학적 방법론을 적용할 수 있다. 하지만 영적 우주에는 그렇지 않다. 우리는 모두 합리적으로 분석할 수 없는 경험을 해본 적이 있다. 종교뿐만 아니라 우리의 예술, 가치관, 타인과 맺은 인간관계 중 상당 부분이 바로 그런 경험에서 나온다. 나는 영적 우주와 물리적 우주의 구분은 개인적이냐 비개인적이냐 하는 축과 밀접하게 관련되어 있다고 주장하고 싶다. 물리적 우주에서 일어나는 사건은 자와 시계로 기록이 가능하고, 우리 몸 외부에서 발생한다. 이런 측정은 증거를 제공해준다. 우리 중에는 우리의 개인적 존재 너머에 있는 영적 우주를 믿는 사람이 많지만, 그런 우주가 존재한다는 증거는 매우 개인적이다.

물리적 우주와 영적 우주는 각자 자기만의 영역과 한계를 가지고 있다. 일례로 '지구라는 행성의 나이가 얼마나 되었는가?' 하는 질문은 정확히 과학의 영역에 해당한다. 방사능 암석의 붕괴 속도를 이용하는 등 신뢰할 만한 검증을 수행해 명확한 해답을 얻을 수 있기 때문이다. ‘사랑의 본질은 무엇인가?’, ‘전쟁에서 다른 사람을 죽이는 행동은 과연 도덕적인가?’, ‘신은 존재하는가?’와 같은 질문은 과학의 영역 바깥에 존재하지만, 종교의 영역에는 잘 들어맞는다.

나는 리처드 도킨스처럼 과학적 논증을 가지고 신이 존재하지 않는다고 증명하려 드는 사람들을 보면 정말 짜증이 난다. 과학은 신의 존재를 증명할 수도 반증할 수도 없다. 대부분의 종교에서 이해하고 있는 신은 합리적 분석을 적용할 수 없기 때문이다. 물리적 우주에 대해 이야기하면서 물리학적 증거와 알려진 자연법칙을 거스르는 내용을 제시하는 사람들을 봐도 짜증 나기는 마찬가지다. 물리적 우주의 영역 안에서는 과학이 우주를 지배했다 말았다 하지 않는다. 알게 모르게 우리는 모두 물리적 우주에서 자연법칙이 일관되게 작동하고 있다는 사실에 의지해 하루하루를 살아가고 있다. 우리가 수 킬로미터 상공을 나는 비행기를 타면서 목적지에 안전하게 착륙할 수 있기를 바라는 것도, 독감 유행에 대비해 예방접종을 받으려고 길게 줄을 서는 것도 모두 자연법칙의 일관성에 대한 믿음 때문이다.

일부 사람들은 영적 우주와 물리적 우주, 내면의 세계와 외부의 세계, 주관적 세계와 객관적 세계, 그리고 기적이 일어나는 세상과 이성적 세상 사이에 구분이 없다고 믿는다. 하지만 나에게는 영적인 삶과 과학적인 삶을 이해하기 위해 그런 구분이 필요하다. 내 안에는 종교와 과학 모두를 위한 공간이 존재하는 것과 마찬가지로, 영적 우주와 물리적 우주 모두를 위한 공간도 존재한다. 이 각각의 우주는 자기만의 힘을 지니고 있다. 자기만의 아름다움과 신비를 간직하고 있기도 하다. 한 장로교 목사가 최근에 내게 말하기를, 과학과 종교의 공통 분모는 경이감sense of wonder이라고 했다. 전적으로 동감한다.

4

거대한 우주

우주는 여전히 멀게만 느껴진다

The Accidental Universe

내가 자연의 거대함을 가장 생생하게 느꼈던 것은 에게 해에서였다. 몇 년 전 나는 아내와 함께 그리스의 섬들에서 2주일간 휴가를 보내기 위해 요트를 빌렸다. 항구 도시 피레우스Piraeus에서 출발한 다음 해안과 거리를 5~6킬로미터 정도 유지하면서 남쪽으로 항해했다. 습한 여름 공기 때문에 멀리 떨어진 해안선이 희미한 베이지색 리본처럼 보였다. 완전히 뚜렷한 형체는 보이지 않았지만 항해에 참고할 정도는 되었다. 쌍안경으로 보아야 육지의 반짝이는 건물과 그 일부분을 간신히 알아볼 수 있었다.

그러다가 우리는 수니온 곶Cape Sounion을 지나 서쪽으로 방향을 틀어 히드라Hydra를 향했다. 두 시간 정도가 흐르니 육지와 다른 모든 배가 시야에서 사라졌다. 360도로 주위를 전부 둘러보아도 보이는 것이라고는 사방으로 뻗어 있는 바다밖에 없었고, 시선의 끝에는 바다와 하늘이 만나 있었다. 나는 바다와 대기로 이루어진 거대한 동굴에 들어간 기분이었고, 엉뚱한 곳에 서 있는 하찮은 존재가 된 것만 같았다.

박물학자, 생물학자, 철학자, 화가, 시인 들은 우리가 몸담고 있는 이 이상한 세상의 속성을 표현하기 위해 애써왔다. 어떤 것은 뾰족하고 어떤 것은 매끄럽다. 어떤 것은 둥글고 또 어떤 것은 들쭉날쭉하다. 빛을 내는 것도 있고 어두운 것도 있다. 연보라색을 띠거나 '후두둑' 리듬을 타기도 한다. 하지만 세상의 이 모든 다양한 속성 중에서도 크기만큼 중요하고 피부에 직접 와 닿는 속성은 없다.

크냐 작으냐는 우리에게 무척이나 중요하다. 의식적이든 무의식적이든 우리는 자신의 물리적 크기를 다른 사람이나 동물, 나무, 바다, 산 등의 크기에 대보며 늘 비교하고 있다. 우리 인간은 똑똑한 것을 제일 큰 자랑이라 여기면서도 정작 세상 앞에 패를 내밀어야 할 때가 되면 자신의 크기, 즉 자기 몸의 부피와 육중함을 패로 내민다. 따라서 감히 추측해보자면 우리는 우주에 대해 헤아릴 때 분명 머릿속 어딘가에 원자부터 미생물, 우리 인간, 바다, 행성, 항성에 이르기까지 모든 것을 순수하게 크기와 척도 순서로 정리해놓은 목록을 갖고 있는 것이 아닐까 싶다. 그리고 이 목록의 가장 인상적인 점은 크기가 큰 것들이 계속 추가되었다는 점이다. 한마디로 우주의 크기가 점점 더 확장되어 온 것이다. 새로운 수준의 거리와 척도가 등장할 때마다 우리가 사는 세상에 대한 개념이 달라졌고, 우리는 이를 이해하기 위해 씨름해야만 했다.

* * *

우주에서 가장 먼 거리까지 탐구한 사람의 영예는 가스 일링워스Garth Illingworth에게 돌아갔다. 그는 캘리포니아대학교 산타크루스캠퍼스에 있는 가로 3미터 세로 4.5미터 남짓한 사무실에서 일한다. 일링워스 교수는 워낙 멀리 떨어져 있는 은하계들을 연구하기 때문에 그가 연구하는 은하계의 빛이 우주를 가로질러 지구까지 오는 데는 130억 년 이상의 시간이 걸린다. 하지만 그의 사무실은 몸을 돌리기도 버거울 정도로 비좁다. 사무실에는 책상과 의자 몇 개, 책장, 컴퓨터, 여기저기 널려 있는 논문들, 「네이처」 잡지들, 그리고 새벽까지 연구가 이어질 때 허기를 달래는 데 필요한 작은 냉장고와 전자레인지가 빼곡히 들어차 있다.

오늘날 연구를 진행하는 대부분의 전문 천문학자들처럼 일링워스도 망원경을 직접 들여다보지 않는다. 그는 원격 조정으로 영상을 얻는다. 그의 경우는 원격도 한참 원격이다. 그가 사용하는 망원경은 허블우주망원경이다. 허블우주망원경은 지구 대기권의 왜곡 효과를 피할 수 있는 높은 고도에서 97분마다 지구를 한 바퀴씩 돌고 있다. 허블우주망원경이 은하계의 디지털 사진을 촬영한 뒤 이 영상을 궤도를 도는 다른 위성으로 전송하면, 그 위성이 다시 영상을 지구에 있는 안테나 네트워크로 중계해준다. 그럼 여기서 이 신호를 메릴랜드 그린벨트의 고다드 우주비행센터Golddard Space Flight Center, GSFC로 전송하고, 우주 비행선에서 일링워스가 자신의 사무실 컴퓨터로 접속할 수 있는 특별한 웹사이트에 자료들을 올려준다.

지금까지 일링워스가 보았던 가장 멀리 떨어진 은하계의 이름은 2011년 초에 보고된 UDFj-39546284이다. 이 은하계는 지구로부터 얼추 132억 광년 정도 떨어져 있다. 이 은하계는 별들이 점점이 찍혀 있는 머나먼 우주의 밤하늘 속에서 희미한 붉은 점으로 보인다. 이 은하계의 색이 붉은 이유는 그 빛이 수십억 년 동안 홀로 외로이 우주 공간을 여행하는 동안에 파장이 점점 더 늘어났기 때문이다. 이 은하계의 실제 색깔은 젊고 뜨거운 항성의 색깔인 파란색이다. 그리고 이 은하계의 크기는 우리 은하보다 20배 정도 작다. UDFj-39546284는 우주에 형성된 최초의 은하계 중 하나다.

최근에 일링워스 교수는 내게 이렇게 말했다. "저 작은 붉은 점은 정말 끔찍할 정도로 멀리 떨어져 있습니다."[1] 일링워스는 얼굴 혈색이 좋고 약간 붉은 기운이 도는 금발에 금속테 안경을 쓴 채 늘 활짝 미소 짓는 친근한 곰 같은 사람이다. "나는 가끔 혼자 이런 생각을 해봅니다. 저곳에 가서 주변을 둘러보면 대체 어떤 기분이 들까 하고 말이죠."

* * *

인류 문명의 진보를 평가할 수 있는 기준 가운데 하나를 꼽으라면 우리가 만든 지도의 척도 증가를 들 수 있다. 오늘날 이라크 북부의 키르쿠크 지역에서 발견된 기원전 25세기의 한

점토판에는[2] 두 언덕 사이로 통과하는 강과 계곡이 묘사되어 있는데, 한 조각의 작은 땅에는 354이쿠iku(121,405제곱미터 정도의 넓이)라고 표시되어 있었다. 기원전 1500년경에 쓰인 것으로 보이는 바빌로니아의 「에누마 엘리쉬Enuma Elish」• 같은 최초의 우주론 기록을 살펴보면, 바다 · 대륙 · 하늘의 크기가 제한되어 있다고 보았지만 그 크기를 과학적으로 추정한 내용은 빠져 있다. 호메로스를 비롯한 초기 그리스인들은 지구가 둥근 접시 모양이며, 바다가 그 접시를 둘러싸고 있고, 그리스가 그 접시 한가운데에 자리 잡고 있다고 생각했다. 하지만 여기에도 그 크기에 대한 이야기는 없다. 기원전 6세기 초에 최초의 지도 제작자로 여겨지는 그리스의 철학자 아낙시만드로스Anaximandros와 그의 제자 아낙시메네스Anaximenes는 별들이 거대한 수정 구체에 붙어 있다고 주장했다. 하지만 여기서도 그 크기에 대한 수치는 등장하지 않는다.

거대한 물체 중에서 최초로 정확한 측정이 이루어진 것은 바로 지구로, 기원전 3세기에 알렉산드리아의 큰 도서관을 관리하던 지리학자 에라토스테네스Eratosthenes에 의해 이루

• 수메르-아카드의 창조 서사시를 말한다.

어졌다. 에라토스테네스는 여행자들로부터 흥미로운 이야기를 들었다. 6월 21일 한낮에 알렉산드리아 정남쪽에 있는 시에네Syene의 깊은 우물 바닥에는 그림자가 드리우지 않는다는 것이었다. 그것은 그 시각 그 장소에서 태양의 고도가 수직이라는 것을 의미했다. (시계가 발명되기 전에는 '한낮'이라고 하면 각각의 장소에서 정확히 수직으로 뜨든 그렇지 않든 태양이 하늘에 가장 높이 떠오르는 순간이라고 생각했다.) 에라토스테네스는 알렉산드리아에서는 한낮에 태양의 고도가 수직이 아님을 알고 있었다. 태양의 고도는 수직에서 7.2도 정도, 즉 원주의 50분의 1 정도 기울어 있었다. 그는 땅 위에 꽂은 막대기가 드리우는 그림자의 길이로 이러한 사실을 알아냈다. 태양이 한 곳에서는 수직으로 뜨고, 다른 곳에서는 그렇지 않은 이유는 지표면이 곡선을 이루고 있기 때문이다.

에라토스테네스는 만약 알렉산드리아에서 시에네까지의 거리를 알 수 있다면 지구의 둘레 길이는 분명 그 거리의 50배일 거라고 추측했다. 알렉산드리아를 거쳐 가는 무역 상인들의 말을 들어보니, 시에네까지는 낙타로 50일 정도가 걸린다고 했다. 그리고 낙타가 하루에 걸을 수 있는 거리는 약 100스타디아stadia, 즉 약 18킬로미터라고 알려져 있었다. 따라서 에라토스테네스는 알렉산드리아에서 시에네까지의 거리를 대략 920킬로미터라고 추정했다. 결국 그가 계산한 지구의 둘레 길이는 50×920킬로미터, 즉 4만 6000킬로미터였다. 이 수치를 현대에 측정한 값과 비교하면 15퍼센트 정도밖에 차이 나지 않는다. 낙타를 주행거리계로 사용하는 데 따르는 부정확성을 고려하면 실로 놀라운 업적이 아닐 수 없다.

고대 그리스인들은 무척 독창적이기는 했으나 우리 태양계의 크기를 계산할 수는 없었다. 이를 계산하기 위해서는 망원경이 발명되기까지 거의 2000년이라는 세월을 기다려야 했다. 1672년에는 프랑스의 천문학자 장 리세Jean Richer가 지구 위의 서로 다른 두 관측 지점에서 바라보았을 때 항성들을 배경으로 화성의 위치가 어떻게 변하는지를 측정함으로써 지구에서 화성까지의 거리를 알아냈다. 이 두 관측 지점은 파리(그는 파리 사람이었다)와 당시 프랑스령이었던 남미 기아나Guiana의 도시 카옌Cayenne이었다. 천문학자들은 지구에서 화성까지의 거리를 이용해 지구에서 태양까지의 거리를 계산할 수 있었다. 그 값은 대략 1억 6000킬로미터였다.

몇 년 뒤 뉴턴은 가장 가까운 항성까지의 거리를 추정하는 데 성공했다. (뉴턴 정도의 인물이기에 이런 계산을 최초로 수

행하고도 다른 업적에 파묻혔지 다른 사람이었으면 이것만으로도 떠들썩하게 이름을 남겼을 것이다.) 뉴턴은 다음과 같은 질문을 던졌다. 만약 항성, 즉 별들이 우리 태양과 비슷한 물체이고 고유의 밝기도 같다고 가정한다면, 우리 태양이 얼마나 멀리 떨어져 있어야 근처의 항성들처럼 희미하게 보일까? 깃펜을 잉크에 찍어가며 종이 위에 거미줄처럼 복잡한 계산을 적어 나간 뉴턴은 가장 가까운 항성이 지구와 태양 사이 거리의 약 10만 배, 즉 대략 16조 킬로미터 떨어져 있다는 올바른 결론을 이끌어냈다. 뉴턴의 계산은 그가 쓴 『프린키피아』에 '항성의 거리에 관하여On the Distance of the Stars'라는 제목으로 짤막하게 실려 있다.

* * *

가까운 항성까지의 거리에 대한 뉴턴의 추정치는 그전 인류의 역사에서 상상했던 그 어떤 거리보다도 컸다. 오늘날까지도 우리는 실제 경험 속에서 이런 거리를 피부로 실감하기 힘들다. 인간에게 가장 빠른 이동 속도는 제트기의 속도인 시속 800킬로미터 정도다. 만약 우리 태양계 너머 가장 가까운 항성까지 이 속도로 여행을 시작한다면 목적지에 도착하는 데 500만 년 정도가 걸린다. 지구에서 제조된 가장 빠른 로켓을 타고 여행한다고 해도 10만 년 정도가 걸린다. 적어도 인간 수명의 1000배 정도가 걸리는 것이다.

하지만 이런 거리조차 20세기 초반 하버드대학교 부속 천문대에서 일했던 천문학자 헨리에타 레빗Henrietta Leavitt이 측정한 거리에 비하면 초라하기 그지없다. 1912년에 레빗은 아주 멀리 떨어진 항성까지의 거리를 측정할 수 있는 완전히 새로운 방법을 고안해냈다. 세페이드 변광성Cepheid variable이라는 어떤 항성들은 밝기가 주기적으로 변하는 것으로 알려져 있었다. 레빗은 이런 항성의 밝기 변동 주기가 고유의 밝기와 관련되어 있어서 밝은 별일수록 주기가 더 길어진다는 것을 발견했다. 이런 항성의 주기를 측정하면 그 별의 고유 밝기가 자동으로 나온다. 그리고 그 고유 밝기를 밤하늘에서 보이는 겉보기 밝기와 비교하면 거리를 추론할 수 있다. 자동차 전조등의 와트 수를 알면 한밤중에 접근해오는 자동차의 거리를 알아낼 수 있는 것처럼 말이다. 세페이드 변광성은 우주 여기저기에 흩어져 있다. 따라서 이 항성들은 우주라는 고속도로에서 거리를 알려주는 표지판 역할을 한다.

먼 거리를 알아낼 수 있는 레빗의 측정 방법을 이용해 천문학자들은 약 2000억 개 항성들의 거대한 집합인 우리 은하의 크기를 몇 년 만에 결정할 수 있었다. 이런 상상조차 어려운 크기와 거리를 표현하기 위해 20세기 천문학자들은 광년light-year이라는 새로운 거리 단위를 채용했다. 1광년은 빛이 1년 동안 이동한 거리로, 약 9조 4600만 킬로미터에 해당한다. 이 단위로 환산하면 가장 가까운 항성까지의 거리는 몇 광년 정도로 나온다. 우리 은하의 지름은 약 10만 광년으로 측정되었다. 바꿔 말하면 우리 은하의 한쪽 끝에서 반대편 끝까지 빛이 이동하는 데 10만 년이 걸린다는 의미다.

우리 은하 너머에는 다른 은하계들도 존재한다. 이런 은하계들은 안드로메다(우리와 가장 가까운 은하계 중 하나) Andromeda, 조각가자리Sculptor, 처녀자리 AVirgo A, 말린 1Malin 1, IC 1101 등의 이름을 갖고 있다. 은하계들 사이의 평균 거리를 다시 한 번 레빗의 방법을 이용해 측정해보니 은하계 지름의 약 20배, 즉 2억 광년 정도였다. 만약 거대한 우주적 존재가 있어서 시간이나 거리의 제약을 받지 않고 한가하게 우주를 거닐 수 있다면, 은하계들은 불을 밝힌 집들이 점점이 흩어져 있는 어두운 시골 풍경 처럼 보였으리라. 지금까지 우리가 알고 있는 한 은하계는 우주에서 가장 거대한 물체다. 만약 우리가 자연에 존재하는 물질적 존재들의 기나긴 목록을 크기에 따라 나열한다면 전자 같은 아원자입자에서 시작해서 결국에는 은하계로 끝날 것이다.

지난 세기 동안 천문학자들은 수십억 광년, 그리고 그 거리 너머의 깊은 영역까지도 우주를 관찰할 수 있게 되었다. 그럼, 물리적 우주의 크기가 과연 무한한가 하는 질문이 자연스럽게 떠오를 수 있다. 더 거대한 망원경을 제작해 더 멀리서 오는 희미한 빛까지 포착하게 된다 해도 그 망원경으로는 포착이 안 되는 더 먼 거리의 물체가 계속해서 등장할까? 중국 명나라의 세 번째 황제인 영락제永樂帝처럼 말이다. 그는 자금성 안에 새로 지은 건물들을 살펴보고자 방에서 방으로 계속 걸어 다녔으나 성이 너무 커서 아무리 가도 그 끝을 보지 못했다고 한다.

여기서 우리는 거리와 시간의 신기한 관계를 고려해야 한다. 빛이 엄청나게 빠른 속도로 이동하는 것은 사실이지만 무한한 속도는 아니기 때문이다. 빛의 속도는 초속 30만 킬로미터다. 우리가 머나먼 우주에 있는 물체를 바라볼 때 그 빛이 방출되어 우리 눈에 도달하기까지 이미 상당한 시간이 걸린다. 우리가 바라보고 있는 이미지는 그 물체가 빛을 처음 방출했을 때의 모습이다. 우리가 만약 30만 킬로미터 떨어진 물체를 바라보면 그것은 1초 전의 모습이다. 300만 킬로미터 떨어진 물체를 바라보면 그것은 10초 전의 모습이다. 따라서 극도로 멀리 떨어져 있는 물체라면 우리는 수백만 년 또는 수십억 년 전 과거의 모습을 보고 있는 것이다.

이제 두 번째 궁금증이 떠오른다. 우주가 팽창하고 있으며 그 과정에서 밀도는 희박해지고 온도는 내려가고 있다는 것은 1920년대 이후로 잘 알려진 사실이다. 이 팽창의 속도를 측정하면 팽창이 처음 시작된 순간, 즉 빅뱅이 일어난 시점을 꽤 정확하게 추정할 수 있다. 실제로 추정해보면 약 137억 년 전이라는 값이 나온다. 이때는 아무런 행성, 항성, 은하계도 존재하지 않았고, 우주 전체가 상상할 수 없을 정도로 고밀도인 순수한 에너지 덩어리로 이루어져 있었다. 우리가 아무리 큰 망원경을 만들어낸다 한들 우주의 시작인 빅뱅 이후 빛이 이동한 거리 너머의 우주는 볼 수 없다. 그보다 먼 거리의 경우 우주의 탄생 이후로 빛이 그곳에서 여기까지 도달할 수 있는 시간이 부족하기 때문이다. 우리가 볼 수 있는 최대 거리를 반지름으로 하는 거대한 구체가 바로 관측 가능한 우주

observable universe다. (관측 가능한 우주는 하루하루 조금씩 커지고 있다.) 하지만 우주는 그보다 훨씬 먼 곳까지 펼쳐져 있을지 모른다.

* * *

산타크루스의 연구실에서 가스 일링워스와 그의 동료들은 관측 가능한 우주 가장자리까지 우주를 측정해 지도를 그려냈다. 이들은 물리법칙이 허용하는 관측의 한계점에 거의 도달했다. 바다와 하늘, 행성과 항성, 펄서pulsar, 퀘이사quasar, 암흑물질, 머나먼 은하계와 은하단clustrer of galaxies, 항성 형성 가스star-forming gas의 거대한 구름 등 파악 가능한 우주의 모든 존재가 인간에 의해 측정되고 관찰된 우주적 의식cosmic sensorium 안에 모였다.

일링워스는 이렇게 말한다. "저는 가끔씩 이런 생각을 합니다. '하느님 맙소사, 우리는 물리적으로 결코 접촉할 수 없을 것들을 연구하고 있잖아.' 우리는 중간 크기 정도의 은하에 자리 잡은 볼품없는 이 작은 행성 안에 앉아 있는데도 우주 대부분의 특성을 밝혀낼 수 있어요. 이것이 제게는 놀라울

따름입니다. 이런 엄청난 상황 자체가 놀랍고, 그런 상황을 우리가 이해할 수 있는 용어로 설명하고 있다는 것이 또 너무나 놀라워요."

* * *

'어머니 대자연Mother Nature'이라는 개념은 지구의 모든 문화권에 등장한다. 하지만 과거에 상상했던 그 무엇과도 비교가 안 될 만큼 어마어마하게 커진 새로운 우주 가운데 대체 어디까지가 어머니 대자연의 일부일까? 일링워스가 과연 이 거대한 우주와 어디까지 유대감을 느낄지 궁금하다. 은하계와 항성들이 우리 눈에 도달하는 데만 수십억 년이 걸리는 머나먼 곳에 존재하니 말이다. 일링워스의 우주 지도에 찍혀 있는 '조그마한 빨간 점'들이 과연 윌리엄 워즈워스William Wordsworth와 헨리 데이비드 소로Henry David Thoreau가 묘사했던 풍경의 일부일까? 이 빨간 점들 역시 우리 마음 깊은 곳에 감흥을 불러일으키는 산이나 나무 같은 자연의 일부일까? 이 빨간 점들이 우리의 삶을 지배하는 탄생과 죽음이라는 주기의 일부일까? 우리가 세상에 대해 개인적으로 품고 있는 물리적·정서적 개념 속에는 이런 빨간 점들도 포함되어 있을까? 아니면 이런 것들은 가설에 따라 우리와 원자와 분자의 구성 요소만 비슷할 뿐, 소리도 없고 만져볼 수도 없는 디지털화된 추상적 개념에 불과할까? 수십억 개의 항성 중 하나, 그리고 그 항성 주변을 돌고 있는 한 작은 행성 위에 살고 있는 우리 인류는 이 빨간 점들과 어디까지 같은 대자연의 일부를 이룬다고 말할 수 있을까?

한때 사람들은 천체들을 지구의 물체들과는 완전히 다른 재료로 만들어진 신성한 존재라 여겼다. 아리스토텔레스는 지상의 모든 물질은 네 가지 요소, 즉 흙, 불, 물, 공기로 이루어져 있다고 주장하면서 다섯 번째 요소인 '에테르ether'를 천체를 위해 남겨두었다. 그는 천체는 불멸이고 완전하며 파괴할 수 없다고 생각했다. 17세기 들어 현대 과학이 태동하고 나서야 우리는 천체와 지구가 비슷하다는 것을 이해하기 시작했다. 1610년 갈릴레이는 자신의 새 망원경을 이용해 태양이 검은 반점과 얼룩을 가지고 있음을 밝혀냈고, 천체의 완전무결성에 대한 믿음을 깨뜨렸다. 1686년 뉴턴은 나무에서 떨어지는 사과와 태양 주변을 도는 행성의 궤도에 똑같이 적용되는 보편적인 중력의 법칙을 내놓았다. 뉴턴은 거기서 한발 더 나아가 자연의 모든 법칙은 지구뿐만 아니라 천체에서 일어나는 현상에도 모두 동일하게 적용된다고 주장했다. 그 뒤로 과학자들은 지구 위에서 알아낸 화학과 물리학의 법칙을 이용해 태양이 에너지를 다 써버릴 때까지 얼마나 오랫동안 빛을 낼 수 있는지 추정했고, 항성의 화학적 성분을 알아냈으며, 은하계의 형성 과정을 밝혔다.

하지만 갈릴레이와 뉴턴 이후에도 여전히 남아 있는 질문이 있다. 살아 있는 것들은 바위나 물, 항성과는 다른 것일까? 생물체와 무생물체가 어떤 근본적인 방식으로 차이가 있는 것은 아닐까? '생기론자vitalist'들이 생물체는 만질 수 없는 정령이나 영혼에 해당하는 어떤 특별한 요소를 갖고 있다고 주장한 반면 '기계론자mechanist'들은 생물체가 정교한 기계에 불과하며 무생물과 똑같은 물리적·화학적 법칙을 따른다고 주장했다.

19세기 후반에 두 명의 독일 생리학자 아돌프 오이겐 피크Adolf Eugen Fick와 막스 루브너Max Rubner가 각각 독립적으로 기계론의 가설을 검증하기 시작했다. 이들은 근육 수축, 체열 발생, 그리고 기타 신체 활동에 필요한 에너지를 공들여 표로 작성한 뒤 이것을 식품 속에 저장된 화학에너지와 비교해보았다. 지방, 탄수화물, 단백질 1그램은 각각 그에 해당하는 에너지 값을 갖고 있었다. 19세기 말에 루브너는 살아 있는 생명체가 사용하는 에너지가 음식을 통해 섭취하는 에너지와 정확히 일치한다는 결론을 내렸다. 그리하여 생명체는 생물학적 도르래와 지렛대가 복잡하게 조립된 거라고 여겨졌다. 우리의 육신은 돌, 물, 공기와 똑같은 원자와 분자로 만들어져 있다.

하지만 여전히 많은 사람이 인간은 어떤 식으로든 나머지 자연과 다르다는 생각을 내려놓지 못하고 있다. 허드슨 리버 화파Hudson River School•의 한 사람인 미국 화가 조지 쿡George Cooke의 「탈룰라폭포Tallulah falls」를 보면 이런 관점이 매우 잘 드러난다. 허드슨 리버 화파의 화가들은 자연을 숭배하면서도 인간은 자연과 다른 존재라고 믿었다. 쿡의 그림에는 깊은 계곡 위로 튀어나온 벼랑 위에 작은 사람들이 서 있다. 웅장하게 펼쳐진 나무로 뒤덮인 산, 거대한 바위 절벽, 계곡으로 쏟아져 내리는 폭포의 거대한 물줄기와 비교하면 인간의 크기는 너무나 초라하다. 주변 환경과 비교하면 인간은

• 19세기 중기 미국 풍경화가의 한 유파로, 낭만적인 기법이 특징이다.

크기가 보잘것없을 뿐만 아니라 풍경을 바라보는 한낱 목격자에 불과하다. 인간은 이 풍경의 일부가 아니며 결코 일부가 될 수도 없다. 그보다 불과 몇 년 앞서서 랠프 월도 에머슨Ralph Waldo Emerson은 「자연Nature」이라는 유명한 수필을 발표했다. 이 수필은 자연을 보며 감탄하는 내용을 담고 있지만 도덕적·영적 영역에서는 인간을 자연으로부터 분리해서 바라본다. 그는 이렇게 말했다. "인간은 타락했으나 자연은 여전히 고귀하다."[3]

오늘날에는 현대기술로 인해 자연과 단절되는 상황에 저항하는 '자연으로 돌아가기' 운동이 다양하게 일어나고 있다. 또한 지구온난화를 비롯한 환경문제에 대해 전 세계적으로 인식이 높아져 자연과 교감하려는 사람이 많아졌다. 하지만 그 너머에 있는 거대한 우주는 여전히 멀게만 느껴진다. 밤하늘에 빛나는 저 작은 점들이 우리 태양과 비슷한 존재이고, 우리의 몸과 똑같은 원자로 만들어져 있으며, 광활한 우주 공간이 우리 은하로부터 다른 은하계, 그리고 빛이 이동하는 데 수십억 년이 걸리는 먼 거리까지 펼쳐져 있다는 사실을 머리로는 이해할 수 있을지 모른다. 이런 발견들을 지적인 언어로 표현할 수도 있을 것이다. 하지만 우리가 한때는 마음도 없고 생각도 없는 점 하나에 불과한 존재였다는 생각과 마찬가지로, 이런 발견들은 당황스럽고 심지어는 마음마저 심란하게 만드는 추상적 관념에 불과하다.

과학은 우리 우주의 규모를 거대하게 확장시켰지만, 우리의 정서적 실재emotional reality는 여전히 우리가 한평생 육체를 통해 접촉할 수 있는 내용에 국한되어 있다. 18세기 아일랜드의 철학자 버클리 주교는 우주 전체가 우리 마음이 빚어낸 구성물이며, 우리의 생각 외부에는 어떤 물질적 실체도 존재하지 않는다고 주장했다. 한 사람의 과학자로서 나는 그런 믿음을 받아들일 수 없다. 하지만 정서적·심리적 수준에서는 버클리 주교의 관점에 공감 가는 부분이 있다. 현대 과학은 시각장애인에게 색의 의미를 밝히는 것처럼 우리 육신과는 너무나 동떨어져 있는 세계를 밝히고 있다.

* * *

아주 최근의 과학적 발견은 우주에서 우리 위치에 대해 또 다른 차원의 질문을 덧붙였다. 과학 역사상 처음으로 우주에 생명이 발생할 비율을 그럴듯하게 추론한 것이다. 2009년 3

월에 나사NASA는 우주비행선 케플러호Kepler를 발사했다. 케플러호의 임무는 다른 항성의 '생명체 거주 가능 지역'을 공전하는 행성을 찾아내는 것이었다. '생명체 거주 가능 지역'이란 기온이 물이 얼 정도로 춥지도 않고, 물이 끓을 정도로 뜨겁지도 않은 지역을 말한다. 여러 가지 이유로 생물학자와 화학자들은 생명이 탄생하려면 액체 상태의 물이 필요하다고 믿는다. 지구의 생명체와 아주 다른 형태의 생명이라 할지라도 말이다. 그런 조건을 갖춘 수십 개의 후보 행성이 발견되었고, 대략 전체 항성 중 3퍼센트 정도는 생명체가 살 수 있는 행성을 거느리고 있다는 예비 추정이 가능하게 되었다. 인간뿐만 아니라 모든 동물, 식물, 세균, 녹조류를 다 포함해서 지구의 모든 생명체를 구성하는 물질을 합치면, 지구 질량의 대략 0.00000001퍼센트를 차지한다.[4] 생명체가 살 수 있는 행성에 실제로 모두 생명체가 존재한다고 가정하고 이 수치를 케플러호에서 얻은 결과와 결합해보면, 가시적 우주visible universe에 생명체의 형태로 존재하는 물질의 비율은 대략 0.000000000000001퍼센트, 즉 100만 분의 1의 10억 분의 1 정도다. 만약 어떤 우주적인 지능이 이 우주를 창조한 것이라면, 생명체는 그저 나중에야 머릿속에 떠올라 덧붙여놓은 존재에 불과하다. 그리고 만약 생명이 임의의 과정을 통해 등장한 것이라면, 생명을 구성하는 입자 하나를 만들어내는 데 엄청난 양의 생명 없는 물질이 필요했다고 말할 수 있다. 이렇게 보면 우주에서 인간이 차지하는 중요성에 의문이 들 수밖에 없다.

몇 년 전에 내가 아내와 함께 에게 해의 끝없이 펼쳐진 바다와 하늘 한가운데를 항해하고 있을 때 나는 어렴풋하게나마 무한의 느낌을 받았다. 전에는 결코 경험해보지 못한 느낌이었다. 더불어 경외, 초월, 두려움, 숭고함, 방향감각 상실, 소외, 불신 등의 느낌이 뒤따랐다. 나는 숫자가 그려진 작은 원반에 회전하는 금속 자침을 덧붙여놓은 것에 불과한 나침반만 믿고 항로를 255도 틀고는 그저 모든 일이 잘 풀리기만을 기다렸다. 그리고 몇 시간이 지나자 마치 마법처럼 코딱지만 한 황토색의 희미한 육지가 정면에 나타났고, 가까워질수록 그 육지는 집과 침대, 그리고 다른 사람들이 어우러진 낯익은 풍경으로 바뀌었다.

5

덧없는 우주

시간의 화살은 미래를 향해 날아갈 뿐

The Accidental Universe

8월에 큰딸이 결혼을 했다. 예식은 메인주 웰스의 작은 마을에 있는 농장에서 굽이치는 초록빛 목초지와 나무로 지은 하얀 헛간, 그리고 클래식 기타의 선율을 배경으로 치러졌다. 결혼식 당사자들은 한 사람씩 경사진 언덕을 따라 후파 chuppah●로 내려왔고, 하객들은 줄지어 선 해바라기로 둘러싸인 소박한 하얀 의자에 앉았다. 공기 중에는 단풍나무와 풀,

● 사각형 천의 네 모서리를 네 기둥으로 괴어 지붕을 삼은 작은 제단으로, 결혼식에서 신랑과 신부는 이 지붕 아래에 서서 의식을 치른다. 유대교 전통에서 유래했다.

그리고 다른 식물들의 향기가 은은하게 퍼졌다. 우리 모두가 꿈꿔왔던 결혼식이었다. 양쪽 집안은 오랫동안 서로를 아끼며 알고 지낸 사이였다. 눈부신 하얀 웨딩드레스를 입고 머리에는 하얀 달리아꽃을 꽂은 딸이 내 손을 잡고 통로를 따라 걸었다.

이것은 크나큰 기쁨과 슬픔이 완벽하게 어우러진 장면이었다. 나는 내 딸을 열 살 또는 스무 살 때의 모습으로 되돌려 놓고 싶었기 때문이다. 우리를 기다리는 아름다운 아치를 향해 걸어가는 동안 다른 장면들이 내 머릿속을 스쳐 지나갔다. 딸이 초등학교 1학년 때 커다란 불가사리를 잡고 놀던 장면, 빠진 앞니를 드러내며 활짝 미소 짓던 장면, 딸을 자전거 뒤에 태우고 강가로 돌 던지기 놀이를 하러 가던 장면, 딸이 첫 생리를 하고 다음 날 내게 와서 이야기하던 장면. 이제 딸은 서른 살이 되었다. 얼굴에서 언뜻 주름이 보이기 시작한다.

우리가 왜 이렇게 영원을 갈구하는지는 알다가도 모를 일이다. 세상 만물의 덧없음이 왜 우리의 마음을 그리도 불편하게 만드는 걸까? 우리는 소용없는 줄 알면서도 해질 대로 해진 낡은 지갑을 차마 버리지 못한다. 기억 속에 남아 있는 나무나 작은 담장이 아직도 있을까 해서 자기가 자랐던 옛날 동네를 찾고 또 찾는다. 낡은 사진에서도 눈을 떼지 못한다. 우리는 교회나 사원 등을 찾아 영원불변의 존재에게 기도를 한다. 하지만 어디를 둘러봐도 자연은 세상에 영원한 것은 없다고 목소리를 높인다. 모든 것이 그저 스쳐 지나갈 뿐이라고 말이다. 우리 육신을 비롯해 주변에 보이는 모든 것은 끝없이 변화하고 또 사라지고 있으며, 언젠가는 이 세상에서 모습을 감추게 될 것이다. 겨우 200년 전인 1800년에 살아 숨 쉬고 있던 10억 명의 사람들은 대체 어디로 사라져 버린 것일까?

모든 것이 결국 사라지고 만다는 증거는 너무 확실하다. 여름이면 하루살이들이 태어난 지 24시간 만에 수십억 마리씩 속절없이 바닥으로 떨어져 내린다. 수컷 개미들은 2주 만에 죽는다. 원추리꽃은 예쁜 꽃망울을 터트렸다가 결국은 시들어 마른 종이처럼 퍼석한 꽃대만을 남긴다. 숲은 산불로 사라졌다가도 다시 생겨나지만, 언젠가는 다시 사라지고 만다. 돌로 만든 고대의 사원과 첨탑들은 소금기를 띤 공기에 조각조각 벗겨지고 깨지고 부서지다가 둥근 밑동만 남고, 결국에는 그것마저 세파에 사라지고 만다. 해안선은 파도에 침식되고 부서져 내린다. 빙하는 비록 속도는 느리지만 백이면 백 분명하게 땅을 깎아내고 만다.

지금은 분리되어 있는 대륙들은 한때 서로 연결되어 있었다. 공기도 한때는 암모니아와 메탄으로 이루어져 있었지만 지금은 산소와 질소가 그 자리를 대신하고 있다. 머나먼 미래에 가면 또 다른 성분으로 바뀔 것이다. 태양도 자신의 핵연료를 계속 소모하고 있다. 먼 데로 고개를 돌릴 것 없이 우리의 몸뚱이만 봐도 중년을 넘기면서 피부는 탄력을 잃고 늘어지고 갈라지기 시작한다. 눈은 침침해지고 귀는 잘 안 들리고 뼈는 움츠러들고 쉽게 부러진다.

며칠 전에 나는 내가 좋아하는 구두를 어쩔 수 없이 버려야 했다. 내가 친구 졸업식에 가면서 신으려고 30년 전에 구입했던 구릿빛 윙팁 구두다. 처음 몇 년 동안은 그냥 잘 닦아주기만 하면 새것처럼 번쩍번쩍 세련된 모습이었다. 그러더니 구두창이 닳기 시작했다. 2년에 한 번 정도는 내가 아는 구둣방에 갖고 가서 창을 갈았다. 이 구둣방은 이탈리안 가족이 3대에 걸쳐 운영하는 곳이었다. 처음에는 그 할아버지가 내 구두를 고쳐주었는데 할아버지가 돌아가시고 나서는 아들이 그 일을 물려받았다. 이렇게 창을 계속 갈아준 덕분에 또다시 20년 정도를 신을 수 있었다. 아내는 제발 좀 갖다 버리라고 사정했지만 나는 이 구두가 정말 좋았다. 이 구두를 보면 풋

내기 시절의 내 모습을 떠올렸기 때문이다. 그러다 결국 발등 부분의 가죽이 너무 얇아져서 구두가 갈라지고 찢어졌다. 구두를 가지고 다시 구둣방을 찾아갔는데 수선공이 보고는 고개를 젓더니 나를 보며 씩 웃었다.

* * *

물리학자들은 이것을 '열역학 제2법칙'이라고 부른다. '시간의 화살'이라고도 한다. 이 법칙에 따르면, 인간들이 영원을 갈구하고 있음을 아는지 모르는지, 우주는 가차 없이 자신을 마모시키고 허물며 스스로를 최대의 무질서 상태로 몰아간다. 이것은 확률의 문제다. 처음에는 있을 법하지 않은 질서정연한 상태에서 시작한다. 이를테면 숫자와 모양에 따라 가지런한 순서로 배열된 카드 한 벌이라든가, 몇 개의 행성이 중앙 항성 주변을 보기 좋은 궤도를 그리며 돌고 있는 태양계처럼 말이다. 그러다가 카드를 바닥에 떨어뜨리고 다시 주워 모으기를 여러 번 반복하거나 다른 항성이 태양계 주위를 무작위로 스쳐 지나가면서 그 중력으로 태양계를 뒤흔들어놓는다. 그럼 카드는 마구잡이로 뒤섞일 것이고, 태양계의 행성들은 자기 자리에서 떨어져 나와 우주 공간을 정처 없이 방황할 것이다. 질서가 무질서에, 반복되는 유형이 변화에 자리를 내어준 것이다. 결국 우리가 확률을 이길 수는 없다. 한동안은 도박꾼이 도박판에서 돈을 딸 수도 있겠지만, 결국 무제한의 시간을 판돈으로 갖고 있는 우주를 이길 도박꾼은 없다.

생물의 세계를 생각해보자. 우리는 왜 영원히 살 수 없을까? 모두 알다시피 각각의 세포 안에 들어 있는 유전자는 아메바와 인간의 생활사life cycle를 통제한다. 대부분의 유전자가 존재하는 이유는 새로운 아메바나 인간을 만드는 데 필요한 지시 사항을 전달하는 것이지만, 일부 중요한 유전자들은 세포의 작동을 감독하고 낡은 부분을 교체하는 일에 관여한다. 이런 유전자 중에는 몇천 번이나 복제가 이루어져야 하는 것도 있다. 복제 과정이 여러 번 반복될수록 오류가 발생할 가능성도 커진다.

그렇지 않은 유전자들도 무작위적인 화학적 공격이나 유리기free radical•라는 원자의 공격에 끊임없이 노출된다. 유리기는 전기적 균형을 잃은 원자이기 때문에 다른 원자들을 교란한다. 이렇게 교란된 원자는 전자의 위치가 엉뚱한 곳에 가 있어서 주변 원자를 적절히 끌어당기지 못하고, 결국 원래 의도

했던 분자 결합이 이루어지지 않아 구조적 형태를 만들지 못한다. 한마디로 유전자가 시간의 흐름 속에서 퇴화한다는 이야기다. 그 결과 유전자는 이빨 빠진 포크가 되고, 자기 일을 제대로 할 수 없게 된다.

근육을 예로 들어보자. 나이가 들면 근육은 처지고 늘어진다. 크기도 줄어들고 힘도 약해지기 때문에 그저 체중만 간신히 버티며 걸을 수 있을 정도다. 우리는 왜 이런 수모를 겪어야만 할까? 우리 근육은 다른 모든 생체 조직과 마찬가지로 손상이 일어나기 때문에 가끔씩 수리가 필요하다. 이때 MGFmechano growth factor 호르몬이 수리를 담당하는데, 이 MGF 호르몬은 다시 IGF1 유전자에 의해 조절된다. 이 유전자는 앞에서 이야기한 대로 시간의 흐름에 따라 필연적으로 이빨 빠진 포크가 될 수밖에 없는데, 그럼 결국 근육이 물렁물렁한 군살로 바뀐다. 젊은 시절의 활력이 노년기의 무기력함으로 바뀌는 것이다. 무無에서 와서 결국 무無로 다시 돌아

● 체내에서 만들어지는 활성산소를 말하며, 화학적으로 불안정하기 때문에 다른 체내 분자와 반응해 안정을 찾으려는 속성이 있다. 체내에서는 이런 활성산소를 제거하는 메커니즘이 작용하고 있지만, 이런 메커니즘이 제대로 작동하지 않는 경우에는 유리기가 체내의 다른 분자를 공격해 변화시키기 때문에 노화 및 여러 질병의 원인으로 작용할 수 있다.

가는 거라 볼 수 있다.

사실 우리 몸속 세포 대부분은 지속적으로 벗겨져 나가고 새로운 세포가 만들어져 그 자리를 대신하면서 이 불가피한 운명을 어떻게든 뒤로 미루고 있다. 소화관 안쪽 면은 조직을 손상시키는 온갖 끔찍한 것들과 접촉한다. 건강을 유지하려면 이런 기관을 덮고 있는 세포들이 지속적으로 교체되어야 한다. 그래서 소화관 표면 바로 아래에 자리 잡고 있는 세포들은 12시간에서 16시간마다 세포분열을 하고, 소화관 전체는 며칠마다 한 번씩 새로 개조된다. 내 생각으로는 나이가 마흔 살 정도 되면 대장 안쪽 벽을 덮고 있는 세포층 전체가 나도 모르는 사이에 아마도 몇천 번 정도는 교체되지 않았을까 싶다. 세포층이 한 번 교체될 때마다 수십억 개의 세포들이 바뀐다. 그럼 그 과정에서 엄청나게 여러 번 세포분열이 일어나 DNA 속 정보가 다음 세포에 전달된다. 이렇게 여러 번 복제가 일어나는데, 그 과정에서 메시지가 잘못 전달되거나 지시 사항이 엉뚱한 곳으로 전달되는 등 복제 오류가 일어나지 않는다면 그것이 오히려 기적이다. 어쩌면 차라리 그냥 아무것도 안 하고 가만히 앉아서 마지막을 기다리는 편이 더 낫겠다는 이야기가 나올지도 모르겠다. 미안하지만, 나는 사양한다.

하지만 이런 모든 증거 속에서도 우리는 여전히 젊음과 불멸을 얻으려 계속 노력한다. 우리는 색 바랜 낡은 사진을 내려놓지 못하고, 다 자란 딸이 다시 아이 시절로 되돌아갈 수 있기를 바란다. 모든 문명은 불로장생의 영약을 추구해왔다. 젊음과 불멸을 안겨줄 마법의 묘약을 말이다. 중국에서만 이런 영약에 갖다 붙인 이름이 천 가지나 된다. 페르시아, 티베트, 이라크, 오래된 유럽 국가에서도 이런 이름들이 알려져 있다. 어떤 곳에서는 암리타Amrita라고, 또 어떤 곳에서는 아비하야트Aab-i-Hayat라고 한다. 그 밖에도 마하 라스Maha Ras, 맨사로버Mansarover, 카스마이카우사르Chasma-i-Kausar, 소마 라스Soma Ras, 춤추는 물Dancing Water, 넥타르의 연못Pool of Nectar 등 다양한 이름이 있다.

최초의 문학작품으로 알려진 고대 수메르의 「길가메시 서사시」에서 전사이자 왕인 길가메시는 영생의 비밀을 찾기 위해 험난한 여정을 떠난다. 길가메시의 여정이 끝날 무렵 홍수의 신 우트나피쉬팀이 전사의 왕에게 여섯 날과 일곱 밤을 깨어 있은 뒤 영생을 맛보는 것이 어떻겠냐고 제안한다. 하지만 우트나피쉬팀이 말을 마치기도 전에 길가메시는 잠에 빠지고 만다. 중국 최초의 황제인 진시황제는 어떠했는가? 그는 나이가 들자 불로장생의 영약을 찾기 위해 수백 명의 신하를 방방곡곡으로 보냈다. 하지만 신하들은 빈손으로 돌아왔고, 황실 의사들은 진시황제를 불멸의 존재로 만들기 위해 수은 알약을 처방한다. 황제는 곧 수은 중독으로 죽고 말았다.• 하지만 수은 중독과 상관없이 어쨌거나 그 역시 죽을 운명이었다.

우리는 가발, 복부 지방 제거수술, 얼굴 및 가슴 성형, 머리 염색, 화장품, 음경 임플란트, 레이저 수술, 보톡스, 하지정맥류 치료주사 등에 아낌없이 돈을 쓴다. 우리는 비타민제, 영양제, 노화 방지제, 그리고 온갖 이름 모를 약품들을 복용한다. 내가 최근에 구글 검색창에 '젊음을 유지해주는 제품 products to stay young'이라는 글을 입력했더니 검색 결과가 무려 3720만 개나 나왔다.

하지만 우리가 시간을 멈추고 그대로 간직하고 싶어하는 것이 우리의 몸만은 아니다. 우리 대부분은 크고 작은 온

• 고대 중국에서는 인체에 치명적인 수은이 불로불사의 비약으로 널리 알려져 있었다.

갖 종류의 변화에 저항하며 몸부림친다. 힘든 시기를 이겨내려면 구조 조정이 최선인 경우에도 회사들은 선뜻 나서지 못하고 망설인다. '변화 관리change management'를 위해 온갖 부서와 담당자까지 다 조직해놓고도 말이다. 상황이 끝없이 요동치고 불확실성이 팽배한 시기에는 주식시장이 곤두박질친다. 한마디로 '모르는 귀신보다는 그래도 아는 귀신이 낫다'. 구관이 명관이라는 소리다. 익숙하고 편안한 백열등을 에너지 효율이 높다는 이유로 이상하게 생긴 형광등과 발광 다이오드 등으로 교체해달라고 목소리를 높이는 사람이 얼마나 될까? 우리는 다 닳아 해진 운동화, 올이 풀린 스웨터, 어린 시절 갖고 놀던 야구 글러브를 차마 버리지 못한다. 배관공을 하는 내 친구는 사용하는 물 펌프 공구가 20년이나 돼서 낡을 대로 낡았는데도 다른 것으로 바꿀 마음이 전혀 없다. 군주제는 시대에 뒤떨어진 낡은 제도인데도 전 세계 여기저기서 그대로 유지되고 있다. 가톨릭교회의 사제 독신주의는 1563년 트리엔트 종교회의 이후로 사실상 변한 것 없이 그대로 유지되고 있다.

내게는 캘리포니아 퍼시피카 근처 해안가를 찍은 사진[1]이 한 장 있다. 피할 길 없는 침식작용 때문에 캘리포니아는 1년마다 20센티미터 정도씩 해안이 깎여나가고 있다. 별것 아니라고 생각할 수도 있지만 이것이 계속 누적되고 있는 게 문제다. 50년 전, 퍼시피카에 사는 한 젊은 여성은 아름다운 바다 경치를 굽어볼 수 있는 해안 절벽 가장자리에 9미터 정도 여유를 두고 집을 지었다. 그리고 5년, 10년이 지났다. 걱정할 것은 없었다. 해안 절벽 가장자리까지는 여전히 7미터 정도 여유가 있었다. 이 여성은 자신의 집을 사랑했다. 이곳을 두고 다른 곳으로 이사 간다는 것은 꿈도 못 꿀 일이었다. 그렇게 20년, 30년, 50년이 지났다. 이제 벼랑 끝이 불과 1미터밖에 남지 않았다. 하지만 이 여성은 여전히 어떻게든 침식작용이 멈춰서 자기 집에 그대로 살 수 있을지 모른다는 희망을 품고 있다. 이 여성은 세상 모든 것이 그대로 남아 있기를 꿈꾸는 것이다. 그녀는 사실상 열역학 제2법칙의 폐지를 꿈꾸고 있다. 물론 자신의 바람을 이런 식으로 표현한 것은 아니지만 말이다. 사진을 보니 퍼시피카 해안의 열 채 남짓한 집이 마치 연약한 성냥갑처럼 벼랑 가장자리에 걸려 있다. 집 아랫면은 이미 벼랑 위에 걸쳐져 있는 상태다. 어떤 집은 차양과 현관이 벼랑 가장자리를 넘어 이미 바다 쪽으로 기울어 있다.

45억 년의 역사를 거치는 동안 우리의 행성 지구는 지속적으로 큰 변화를 겪었다. 원시 지구는 대기에 산소가 없었다. 내부가 녹아 있었기 때문에 지금보다 훨씬 뜨거웠고, 수많은 화산이 열기를 내뿜고 있었다. 지구의 핵에서 흘러나오는 열기 때문에 지표면의 겉껍질이 움직였다. 거대한 육괴들이 찢겨나가면서 심부 지각판 위로 미끄러졌다. 그러고 나서 식물이 등장해 광합성을 하자 산소가 대기로 뿜어져 나왔다. 대기의 조성이 바뀌고 어느 시기가 되자 행성이 냉각되면서 얼음이 지구를 뒤덮었다. 바다도 모두 얼어붙어 버렸는지 모른다.

오늘날에도 지구는 계속해서 변화하고 있다. 식물과 대기 사이에서는 몇 년마다 수백억 톤의 탄소가 순환되고 있다. 처음에는 이산화탄소의 형태로 대기에서 식물로 흡수되고, 광합성을 통해 당sugar으로 변환된다. 식물이 죽거나 동물에게 먹힌 뒤에는 흙과 대기로 다시 돌아간다. 수억 년 단위로 보면 탄소는 식물뿐만 아니라 바위, 토양, 바다를 통해서도 순환되고 있다.

그렇다면 우리의 태양과 다른 항성들은 어떤가? 셰익스피어의 작품에 나오는 줄리어스 시저Julius Caesar•는 카시우스Cassius에게 이렇게 말한다. "나는 영원히 변치 않는 북극성처럼 확고하오. 변함없이 한자리를 지키는 북극성 말이요. 그

변함없음은 하늘 아래 따를 자가 없지."[2] 하지만 시저는 현대 천체물리학이나 열역학 제2법칙을 몰랐다. 북극성, 그리고 우리의 태양을 비롯한 모든 항성은 자신의 핵연료를 계속 소비하고 있다. 이 연료를 모두 다 쓰고 나면 항성들은 우주 공간을 떠다니는 차가운 잔불로 변해 희미해진다. 폭발을 일으킬 만큼 크기가 거대한 항성은 최후의 폭발을 일으키며 퇴장한다. 우리 태양을 예로 들면, 핵연료를 모두 다 쓸 때까지 50억 년 정도가 남았다. 그 뒤에는 기체로 이루어진 붉은 구 형태의 적색거성red giant star으로 거대하게 팽창하면서 지구를 삼킬 것이다. 그리고 일련의 격변을 거치다가 최후에는 탄소와 산소가 주를 이룬 차가운 공으로 자리 잡을 것이다. 지난 시대에는 우주의 기체 구름을 한데 끌어모으는 중력의 작용을 통해 새로운 항성들이 생겨났고, 그 항성들이 죽어가는 항성들의 자리를 대신했다. 하지만 빅뱅 이후로 우주가 계속 팽창하면서 우주의 밀도가 낮아지고 고밀도로 존재하던 기체들도 차츰 옅어지고 있다. 먼 미래에는 기체의 밀도가 부족해서

● 로마 공화정 말기의 장군 율리우스 카이사르를 말한다. 보통 '율리우스 카이사르'라고 표기하나, 셰익스피어의 작품에서는 '줄리어스 시저'라고 표기한다.

새로운 항성이 형성되지 못할 것이다. 더군다나 수소, 헬륨 등 대부분의 항성에서 연료로 사용되는 가벼운 화학원소는 기존 세대 항성들에 의해 모두 소진될 것이다. 따라서 미래의 어느 시점에 가면 더 이상 새로운 별이 탄생하지 않게 된다.

느린 과정이기는 하지만 우리 우주의 항성들이 미래에는 빛을 잃게 되리라는 점만큼은 확실하다. 그날이 되면 밤하늘이 완전히 시커멓게 변하고 낮 역시 완전히 암흑에 둘러 싸이고 말 것이다. 그리고 태양계의 행성들은 죽은 항성 주위를 돌게 된다. 천체물리학의 계산에 따르면 약 1000조 년을 전후해서는 심지어 이런 죽은 태양계들조차 다른 항성들과 우연히 만나는 과정에서 중력의 영향으로 붕괴할 것이다.[3] 그리고 1000경 년 정도 뒤에는 은하계조차 붕괴해 한때는 항성으로 빛나던 차가운 구체들이 밖으로 내팽개쳐져 텅 빈 우주 공간을 관성에 의지해 홀로 떠돌게 될 것이다.

불교에서는 세상의 덧없음을 오래전부터 깨닫고 있었다. 이것을 무상無常이라 한다. 불교에서 무상은 존재의 세 가지 특성인 삼법인三法印 중 하나다. 나머지 두 가지는 무상이 곧 괴로움임을 의미하는 고苦, 영원불멸의 '나'라는 본체는 존재하지 않는다는 의미의 무아無我다. 『대반열반경大般涅槃經』에 따르면, 부처가 세상을 떠날 때 신들의 왕 사까Sakka가 다음과 같이 말했다고 한다. "무릇 부분이 모여 이루어진 것들은 모두 무상하니, 생겨나서 사라지는 것이 그들의 성품이다. 그들은 생겨나서 사라져버리니, 그들에게서 벗어나는 것이 최고의 기쁨일지라."[4] 불교에서는 우리가 이 세상의 것에 '집착'해서는 안 된다고 말한다. 세상 모든 것이 덧없고, 곧 사라져버리기 때문이다. 불교에서는 모든 괴로움이 집착으로부터 생긴다고 말한다.

내가 딸에 대한 집착에서 벗어날 수만 있다면 기분이 더 나아질지도 모르겠다. 하지만 불교 신자들도 불멸과 비슷한 것을 믿는다. 이것을 열반涅槃이라고 한다. 사람이 모든 집착과 욕망을 내려놓은 뒤에, 그리고 수없는 시험과 윤회를 거치고 마침내 완전한 깨달음을 얻은 뒤에는 열반에 이르게 된다. 열반의 궁극적 상태를 부처는 '아마라바티am-aravati'라고 설명했다. 이는 '불멸'을 의미한다. 열반에 도달하고 나면 윤회도 멈춘다. 사실 지구에 존재하는 거의 모든 종교는 불멸의 이상을 찬양한다. 신은 불멸이다. 우리의 영혼도 불멸일지 모른다.

자연에서 보이는 모든 증거가 그렇지 않다고 말하고 있음에도 우리가 계속 불멸을 갈구하고 영원불변의 존재가 있으리라 열렬히 믿는 것은 인간이라는 존재가 안고 있는 심오한 모순이 아닌가 싶다. 나에게도 그런 갈구가 존재하는 것은 분명하다. 이는 내가 망상에 빠져 있거나, 아니면 자연이 불완전하기 때문일 것이다. 아니면 내가 감정에 휘둘려 부질없이 나 자신과 내 딸(그리고 내 윙팁 구두)의 영생을 바라고 있거나 자연의 외부에 어떤 불멸의 영역이 존재하기 때문일 것이다.

만약 전자가 옳다면 나는 나 자신과 대화함으로써 그런 망상을 극복할 필요가 있다. 어쨌거나 내가 진리도 아니고 건강에 좋지도 않은 무언가를 갈망하는 경우가 이것만은 아니니까 말이다. 인간의 마음이 자기만의 실재를 창조하는 능력이 있다는 것은 널리 알려진 사실이기도 하다. 만약 후자가 옳다면 무언가 부족한 쪽은 자연이 된다. 원자의 장엄한 구조, 밀물과 썰물의 리듬, 밤하늘을 빛으로 수놓는 은하수와 같이 물리적 세계의 온갖 풍요로움 속에서도 자연은 훨씬 정교하고 웅장한 그 무엇, 우리의 시야를 벗어나 있는 어떤 불멸의 존재를 놓치고 있다는 말이 될 테니까. 그런 우아한 존재는 결코 물질로 이루어질 수 없다. 물질은 예외 없이 모두가 열역학 제2법칙의 노예이기 때문이다. 우리가 바라는 이 불멸의 존재는 어쩌면 시간과 공간을 초월하는 존재일지도 모른다. 어쩌면 신일지도, 어쩌면 우주를 만들어낸 존재일지도 모른다.

이 두 가지 대안 중에서 나는 전자 쪽으로 마음이 기운다. 자연이 그렇게 중구난방이라고는 도저히 믿지 못하겠다. 우리는 아직 자연에 대해 모르는 부분이 많지만 자연이 다른 모든 존재와 말 그대로 완전히 다른, 그런 훌륭한 존재를 숨기고 있다는 것은 아무래도 얼토당토않다. 그렇다면 내가 망상에 빠진 것이 맞다는 결론이 나온다. 나는 감상적인 기분에 빠져 계속해서 영원한 젊음과 변함없는 세상을 갈망하고 있는 것이다. 혹시나 제멋대로 구는 내 마음과 감정을 적절하게 훈련시키면 불가능한 일에 대한 바람을 삼갈 수 있을지도 모르겠다. 몇 년 지나지 않아 내 몸을 구성하는 원자들도 모두 바람에 흩어져 흙으로 돌아갈 것이고, 내 마음과 생각도 사라질 것이고, 내 즐거움과 기쁨도 사라질 것이며, '나'로서 존재하는 상태I-ness도 무無의 무한한 망각 속으로 녹아 사라지리라는 사실을 어쩌면 나도 받아들일 수 있을지 모르겠다. 하지만 나는 이것이 분명 사실이라 믿고 있으면서도 그 운명을 받아들일 수가 없다. 나는 도저히 내 마음을 그 암흑 속으로 밀어넣지 못하겠다. 쇼펜하우어Schopenhauer는 이렇게 말했다.

"인간은 자신이 원하는 것을 할 수는 있으나, 자기가 원하는 것을 원하지 않을 수는 없다."[5]

질문을 바꿔보면 어떨까? 우리의 바람과 희망에도 불구하고 필사必死의 운명에서 벗어날 길이 없다면, 혹시 그 덧없는 운명만이 품을 수 있는 나름의 아름다움과 웅장함이 존재하지는 않을까? 우리는 잠깐 스치고 지나가는 삶을 극복해보겠다며 몸부림치고 목 놓아 울지만, 그런 덧없음 속에서 무언가 웅장함을 찾을 수는 없을까? 덧없다는 바로 그 사실로부터 비롯되는 존재의 소중함과 가치가 있지 않을까? 밤에 꽃을 피우는 손가락선인장night-blooming cereus이 떠오른다. 이 선인장은 일 년 내내 잡초처럼 볼품없이 우뚝 솟아 있다. 하지만 해마다 여름에 딱 하룻밤, 비단 같은 하얀 꽃잎을 내밀며 꽃을 피운다. 이 꽃잎들은 레이스처럼 생긴 노란색의 얇은 가닥을 둘러싸고 있고, 그 안쪽으로 다시 작은 말미잘처럼 생긴 다른 꽃이 하나 통째로 들어가 있다. 아침이면 이 꽃은 시들고 만다. 일 년 중 단 하룻밤만 피어나는 꽃. 그야말로 거대한 우주 속의 한 생명처럼 너무나 연약하고도 덧없기에 깃드는 아름다움이다.

6

법칙의 우주

인간은 합리성을 찬양하고 비합리성을 사랑한다

The Accidental Universe

매사추세츠공과대학교 교수로 채용될 때 나는 과학 교수직과 인문학 교수직을 둘 다 맡았다. 어떤 날은 오전에 물리학을 가르치고 오후에 소설 쓰기를 가르치기도 했다. 그럼 오전에는 우주가 진자의 운동이나 스프링의 진동, 공간을 가로지르는 전자기파의 파문처럼 반박할 수 없는, 거의 강박에 가까운 규칙적인 운동으로 바뀌었다. 그리고 그 모든 것은 칠판에 분필로 써내려간 방정식을 통해 아주 정확하게 묘사되었다. 나는 학생들에게 순수한 논리와 순수한 이성, 순수한 인과관계로 이루어진 세상에 대해 이야기했다. 그곳은 양자 수준의 원자를 제외하면 모든 미래가 과거와 변경할 수 없는 자연법칙에 의해 완전하게 결정되는 세상이다. 그 누구도 여기에 반기를 들 수 없었다.

그러다가 오후가 되면 나는 학교 마당을 가로질러 인문학 건물(매사추세츠공과대학교에서는 14번 건물이라고 부른다)로 넘어가 학생들에게 본질적으로 뒤죽박죽 얽히고설킬 수밖에 없는 인간사와 어둑한 조명이 드리운 우리 마음속 골목에 대해 이야기했다. 그리고 탐욕과 질투, 어긋난 사랑, 행복, 복수, 복잡하고 모호한 행동의 동기 등에 대해 이야기했다. 모순 없이 일관성을 가지고 있는 등장인물이나 행동을 예측할 수 있고 언제나 합리성과 이성을 바탕으로 행동하는 등장인물이 나오는 소설을 쓴 학생이 있으면, 생명력이라고는 느껴지지 않는 시체 같은 인물을 만들어냈다며 호된 비판을 해주었다. 나는 실재 인물은 예측할 수 없다고 말했다. 언제나 합리적으로 행동하는 인물은 사기꾼밖에 없다고 말이다. "어떤 등장인물을 완벽하게 이해할 수 있다면 그 인물은 죽은 것이나 마찬가지다. 알겠나?"

하지만 우리는 똑같은 종류의 입자와 전기로 만들어져 있지 않던가? 우리는 그 입자들이 그리는 궤적과 흐름을 정신이 아득해질 정도로 정확하게 기록하고 계산할 수 있다. 하지만 감히 추측하건대 호모사피엔스 중에 우리의 생각과 행동을 깔끔한 선과 수학기호로 바꾸어 칠판 위에 나타낼 수 있다고 하면 옳다구나 하고 받아들일 사람은 많지 않을 것이다. 다른 영역에서 우리는 대부분 논리적으로 판단하고 정형화된 양식을 따르며 정량화하기 위해 노력한다. 원리와 법칙을 숭배하고 이성과 근거를 받아들인다. 하지만 항상 그렇지는 않다. 때때로 우리는 자발성, 예측 불가능성, 한계와 제약이 없는 행동, 완벽한 개인적 자유에 가치를 둔다. 규칙과 유형이라는 주제를 놓고 보면 우리는 완전한 정신분열 상태에 빠진 것이 아닐까 하는 생각이 든다. 우리는 눈송이의 대칭성에 끌리지만 뚜렷한 형태도 없이 하늘 높이 두둥실 떠 있는 구름에도 끌린다. 우리는 순종 개에게서 규칙적으로 나타나는 특징을 좋아하지만 어떤 분류 체계에도 맞아떨어지지 않는 잡종개에게서도 매력을 느낀다. 우리는 올바르고 합리적인 삶을 산 사람을 존경하지만 판에 박힌 틀을 깨뜨린 이단아도 찬양한다. 머리만 커진 우리 인류는 이해하기 어려운 어떤 복잡한 이유로 인해 예측 가능성과 불가능성, 합리성과 비합리성, 규칙성과 비규칙성을 모두 좋아하게 된 듯하다. 그렇다. 우리는 분명 자기모순으로 복잡하게 뒤엉킨 존재들이다.

다시 칠판 위에 적힌 기호들로 되돌아가 보겠다. 잠시 우리가 가진 이성적 측면의 극단을 바라보자. 물리학, 질량과 힘, 작용과 반작용. 수세기에 걸쳐 물리학자들은 우주의 기본 힘을 지배하는 규칙들을 발견했다. 중력, 전기와 자기, 그리고 원자 중앙에 위치한 입자들이 날아가 버리지 않도록 단단히 붙들어 매주는 핵력과 같은 것들이다. 우리가 지금껏 관찰했던 물리 현상 가운데 이런 규칙에서 벗어나는 것은 없다. 물론 이런 규칙 중 일부는 여전히 수정이 이루어지고 있고, 우리가 물리적 우주에 대해 완벽히 이해하지 못하고 있는 것도 분명한 사실이다. 하지만 지금까지 밝혀진 규칙은 기본 입자와 힘과 관련된 실험 결과를 소수점까지 정확하게 예측할 수 있다. 이 규칙들은 정량적이다. 예를 들어보자. 전기에 적용되는 쿨롱의 법칙Coulomb's law에서는 거리가 2배 멀어질 때마다 전하를 띤 두 입자의 전기력 강도가 4배씩 줄어든다고 말한다(수학적으로 표현하면 $F=q_1q_2/r^2$). 이 규칙은 여러 번에 걸친 실험과 전자기이론의 논리를 통해 얻은 것이다. 이 규칙을 이용하면 우주 어디에서든 전하를 띤 입자들이 서로에게 어떤 방식으로 영향을 미치는지 예측할 수 있다.

여러분이 직접 실험해볼 수 있는 또 다른 예를 들어보자. 1.2미터 높이에서 바닥으로 추를 하나 떨어뜨리고 낙하 시간을 측정해보자. 약 0.5초의 시간이 나올 것이다. 만약 2.4미터 높이에서 떨어뜨린다면 0.7초 정도가 나온다. 그리고 4.8미터 높이에서는 1초 정도가 나온다. 높이를 달리하며 이 실험을 몇 번 반복해보면 높이가 4배 높아질 때마다 낙하 시간이 정확히 2배로 늘어난다는 규칙을 발견하게 된다. 이것은 갈릴레이가 17세기에 발견한 규칙이다. 이 규칙을 이용하면 어느 높이에서 떨어뜨리더라도 그 낙하 시간을 예측할 수 있다. 자연법칙을 여러분 자신이 직접 목격할 수 있는 것이다.

우리는 이런 규칙rule을 '자연법칙'이라 부른다. 이것은 참 재미있는 용어다. 법칙law이라는 개념은 적어도 4000년 전인 고대 아시리아인과 그들의 『우르남무 법전Code of Ur-Nammu』으로 거슬러 올라간다. 최초의 법칙은 인간 사회 안에서 일어나는 행동에 관한 규칙이었다. 규칙을 위반한 각각의 사항은 물어주어야 할 은화의 개수나, 입안에 들이붓는 소금의 양으로만 정량화가 가능했다. 예를 들면 다음과 같다. "만약 한 사내가 다른 사내가 거느린 여자 노예를 강간했다면, 그 사내는 은화 다섯 닢을 물어야 한다."[1]

우리의 선조들은 기하학의 규칙에 대해서도 알고 있었다. 바빌로니아인들은 원의 지름에 대한 원주의 비율이 보편적 수치(우리는 이 값을 'π'로 표시한다)라는 것을 알고 있었다. 어느 곳에 어떤 원을 그리든 모든 원은 이런 규칙을 따른다. 바빌로니아인들은 직각삼각형 각 변의 관계를 나타내는 규칙인 피타고라스의 정리도 알고 있었다. 이런 규칙들이 '법칙'의 선조였다.

내가 4장 「거대한 우주」에서 논했던 '자연'의 개념은 여러 층으로 이루어진 복잡한 의미를 띠고 있다. 간략히 말하자면 자연이란 생물과 무생물로 이루어진 물리적 우주의 총체라 할 수 있다. 따라서 '자연법칙'은 물리적 우주에 적용되는 보편적인 규칙을 말한다. 아시리아인들이 다른 사람이 거느린 여자 노예를 강간하는 것은 사회적으로 용납할 수 없다고 결정했듯이, 사회적 법칙은 인간이 정할 수 있지만 자연법칙은 인간이 만들어낼 수 없다. 자연법칙은 이론과 실험의 조합을 통해 발견되는 것이다. 잠정적인 법칙을 실험을 통해 검증하는 것은 필수적인 통과의례다. 자연법칙을 발견하고 명확하게 표현해낸 결과물은 인류 문명의 위대한 업적이 되었다. 중국의 만리장성, 인도의 타지마할, 셰익스피어의 『리어왕』, 레오

나르도 다빈치의 「모나리자」, 아인슈타인의 상대성이론 등은 모두 어깨를 나란히 할 만한 업적들이다.

자연법칙은 합리성과 이성의 힘에 대한 우리의 신념을 가장 정확하게 표현해준다. 하지만 이 자연법칙에서조차 인간은 서로 모순되는 양면적인 욕망으로 흔들리고 있다고 이야기하고 싶다. 이런 점을 잘 보여주는 예가 '힉스 보손'의 발견이다. (힉스 보손에 대한 좀 더 자세한 내용은 2장 「대칭적 우주」를 참조하기 바란다.) 1964년 에든버러대학교의 물리학자인 피터 힉스가 이론화한 힉스 보손은 아원자입자의 한 유형으로, 자연법칙의 최신판인 물리학의 표준모형이 성립하기 위해서는 반드시 존재해야 한다. 이 이론에 따르면 힉스 보손, 그리고 그와 관련된 에너지가 제공하는 메커니즘 덕분에 대부분의 소립자가 질량을 부여받는다. 힉스 보손이 없다면 원자도 행성도 항성도 존재하지 않았을 것이다. 그리고 힉스 보손이 존재하지 않으면 우리는 자연법칙 가운데 일부를 처음부터 새로 써내려가야 한다.

2012년 7월에 두 곳의 물리학 연구팀이 오랫동안 찾아 헤맨 힉스 보손으로 보이는 새로운 입자를 발견했다고 발표하자, 많은 물리학자가 기뻐서 껑충껑충 뛰었다. 하지만 모두가 그런 것은 아니었다. 캘리포니아공과대학교의 물리학 교수이자 힉스 보손을 발견한 연구팀의 일원인 마리아 스피로풀루Maria Spiropulu는 「뉴욕타임스」에서 이렇게 말했다. “개인적으로 저는 새로 발견된 입자가 표준모형의 입자가 아니길 바랐습니다. 그렇게 간단하고 대칭적이며 예측 가능한 방식으로 풀리기를 바라지 않았거든요. 저는 우리 모두를 아주 오랫동안 쳇바퀴 속에서 머리를 싸매고 고민하게 할 복잡한 패를 원했습니다.”[2] 스피로풀루 교수만 이런 변덕스러운 생각을 한 것은 아니었다. 우리는 질서를 좋아하지만, 우리를 깜짝 놀라게 만드는 것도 좋아한다. 우리는 예측 가능한 것을 좋아하지만, 예측 불가능한 것도 좋아한다. 우리는 때때로 옥에 티 같은 일이 생기기를 바란다.

* * *

나는 고대의 과학적 사고방식을 보여주는 작품을 좋아한다. 로마의 시인이자 철학자 루크레티우스Lucretius가 기원전 50년경에 쓴 서사시 「만물의 본성에 대하여De rerum natura」도 그중 하나다. 로마의 저명한 정치가이자 학자였던 키케로

Cicero 역시 다른 많은 로마인과 마찬가지로 이 시를 읽었다. 루크레티우스는 자신의 시에서 원자론을 설명하고 있다. 이 이론에 따르면 원자는 파괴할 수 없는 작은 물질의 단위이고, 이 원자로부터 다른 모든 것이 만들어진다. (원자라는 개념의 기원은 이보다 몇 세기 앞선 데모크리토스와 에피쿠로스로 거슬러 올라간다.) 본래 원자는 다양한 크기와 모양, 질감으로 존재한다고 생각되었기 때문에 이것으로 물질의 서로 다른 특성을 설명할 수 있었다. 루크레티우스에게 원자는 당시(아마 오늘날까지도) 사람들이 가지고 있던 두 가지의 가장 큰 두려움을 막아주는 방패였다. 그 두려움은 바로 인간사에 신이 변덕스럽게 간섭해 들어오는 데 대한 두려움, 그리고 이승에서 도덕적으로 문제 있는 삶을 살고 나면 그 영혼이 저승에서 영원한 형벌을 받을지 모른다는 두려움이었다. 원자는 물질성materiality과 불멸성indestructibility을 갖고 있기 때문에 두 가지 두려움을 모두 반박할 수 있었다. 모든 것은 원자로 이루어져 있고, 원자는 무無에서 창조될 수 없기 때문에 제아무리 신이라 해도 아무것도 없는 상태에서 느닷없이 물질을 만들어낼 수 없으며, 원인과 결과라는 정당한 절차를 거치지 않고서는 지구에 영향을 미칠 수 없었다. 루크레티우스의 글을 살펴보자.

신과 죽음에 대한 이런 두려움, 그리고 그로 인한 절망은 떨쳐내야 마땅하다. 한낮의 햇빛에 의해서가 아니라 자연의 양상과 법칙에 의해서 말이다. 이 자연법칙에서 우리가 이끌어낸 첫 번째 원리는 제아무리 신성한 힘이라 해도 아무것도 없는 무로부터 무언가를 만들어낼 수는 없다는 것이다. 두려움은 모든 인간을 노예로 만든다. 인간은 하늘과 땅에서 일어나는 많은 일을 보면서도 그런 일의 원인을 이해할 방법이 없어 그것이 신성한 힘에 의해 일어난 일이라고 생각해버리기 때문이다. 따라서 무에서는 아무것도 만들어질 수 없음을 우리가 인식하게 된다면 우리가 찾고 있는 것을 그러한 원리로부터 곧바로 좀 더 올바르게 이해할 수 있다. 즉 각각의 사물이 만들어지는 원천이 무엇이며 신의 개입 없이 어떻게 이 모든 것이 이루어질 수 있는지 이해할 수 있다.[3]

시의 뒷부분에서 루크레티우스는 정신과 영혼 또한 원자로 만들어져 있어서 우리가 죽고 나면 "안개와 연기가 허공으로 흩어져 사라지듯 영혼 또한 넓게 흩어져 빠른 속도로 사라져버리고 신속하게 원자로 분해된다고 믿어야 한다"[4]라고 말한다. 따라서 죽고 난 다음에 남는 불멸의 영혼은 존재하지 않는다. 우리는 원자로 이루어져 있을 뿐이므로, 죽고 나면 그 몸을 이루고 있던 원자들이 바람에 흩날려 사라져버린다. "따라서 우리에게 죽음은 곧 무無다."[5]

루크레티우스에게 원자는 자연법칙의 일부였고, 자연법칙은 인간을 신의 변덕과 힘으로부터 해방시켜주었다. 루크레티우스가 신성한 존재를 믿은 것은 분명한 사실이지만, 그는 자연법칙은 신의 영향에서 벗어나 작동한다고 주장했다. 반면 오늘날 대부분의 종교인들은 자연법칙이 완전히 신의 힘 아래에 놓여 있다고 주장한다. 세상만물의 창조주인 신이 자연법칙도 창조했으므로 신은 원할 때면 언제든 자연법칙을 거스를 수 있다는 것이다. 하버드대학교의 천문학 및 과학사 명예교수인 오언 깅거리치는 이렇게 말한다. "저는 우리의 물리적 우주가 더 넓고 깊은 영적 우주 안에 둘러싸여 있다고 믿습니다. 이 영적 우주는 기적이 일어날 수 있는 우주죠. 이 세상이 대체로 법칙에 근거해서 움직이지 않는다면 우리는 미리 계획을 세울 수도 어떤 결정을 내릴 수도 없겠죠. 따라서 세상을 과학적으로 설명할 수 있다는 것은 중요한 부분입니다. 하지만 이런 설명이 모든 사건에 적용되는 것은 아닙니다."[6]

고대 로마인, 이집트인, 바빌로니아인들의 다신교에서 유대교, 기독교, 이슬람교의 일신교로 종교적 믿음이 변화한 것도 자연법칙에 대한 이해에 어떤 역할을 했을 것이다. 자연법칙은 종잡을 수 없는 변덕과는 완전히 반대다. 여러 신이 존재하고 각각의 신이 자기 나름의 개성과 변덕스러운 마음을 갖고 있을 때는 예측 불가능한 신성한 행동이 일어날 가능성이 크다. 그 여파로 지상에 깜짝 놀랄 일이 일어날 여지가 단일 신에 비해 더 큰 것이다. 반면 단일 신만 존재한다면 우리 인간은 오직 하나의 신성한 의식만 이해하면 된다. 로마 신화에 등장하는 수많은 신을 믿었던 루크레티우스가 인간을 신의 개입으로부터 해방시키는 철학에 대해 열변을 토했던 것도 놀랄 일이 아니다.

최초로 등장한 정량적인 자연법칙 중 하나는 물의 부력에 관한 아르키메데스Archimedes의 원리다. 그는 기원전 250년경에 쓴 『부유하는 물체에 대해서*On Floating Bodies*』에서 다음과 같이 말했다. “액체 속에 완전히 또는 부분적으로 잠긴 물체는 자기가 밀어낸 액체의 무게에 해당하는 부력을 경험한다.”[7] 페르시아의 물리학자 이븐 사흘Ibn Sahl은 서기 984년에 발표한 「불태우는 거울과 렌즈에 관하여On Burning Mirrors and Lenses」라는 논문에서 빛이 한 매질에서 또 다른 매질로 이동하는 과

정에서 일어나는 굴절의 각도를 설명하는 정확하고 정량적인 법칙을 제시했다.[8]

'법칙을 따르는 우주lawful universe'라는 새로 등장한 개념에서 아이작 뉴턴이라는 인물의 출현은 하나의 획기적 사건이었다. 뉴턴의 중력 법칙이 갖는 의미는 물체의 운동 밑바탕에 깔려 있는 기본 힘에 관한 최초의 수학적 기술이라는 것에 그치지 않는다. 그는 지구상에 있는 물질의 운동에 적용되는 규칙이 천체에도 그대로 적용되어야 한다고 주장했다. 자연법칙의 보편성을 진정으로 이해한 최초의 사람이었던 것이다. 뉴턴을 천재라 일컫는 이유 중 하나는 사과를 나무에서 떨어뜨리는 힘이 달이 지구 주위를 돌게 만드는 힘과 같은 힘임을 최초로 깨달았기 때문이다. 하지만 논리와 환원주의의 대가인 뉴턴조차 자연법칙만으로는 물리적 세계의 모든 것을 설명하기에 충분하지 않다고 믿었다.

여러 장의 종이를 들여 계산한 끝에 뉴턴은 『프린키피아』의 말미인 「일반 주해General Scholium」에 와서 역학적 원인만으로는 달과 행성들의 동기화된 움직임을 결코 설명할 수 없으며, 지능을 갖춘 힘 있는 존재의 의도와 지배가 있어야만 한다고 고백했다.[9] 특히나 뉴턴은 신이 적극적으로 개입하지 않는다면 마찰력 때문에 시간이 지날수록 행성의 움직임이 점점 느려진다고 믿었다. "운동은 새로이 더해지는 경향보다는 잃는 경향이 훨씬 더 강하기 때문에 언제나 내리막길을 걷고 있다. …… 맹목적인 믿음만으로는 결코 모든 행성이 동심원의 동일한 궤도를 따라 돌도록 만들 수 없다. …… 행성의 궤도에서 발생하는 일부 사소한 불규칙성은 증가하는 경향을 보이고 있으며, 이것이 쌓이면 결국 행성계는 개선을 원하게 된다."[10] 이 개선을 수행하는 존재가 바로 신이다. 이 경우에도 자연법칙은 대부분 물리적 우주를 자율적으로 지배하고 있지만, 뉴턴에게도 이따금씩은 우주에 개입해 편집자 역할을 해주는 신이 필요했다.

그로부터 100년 뒤에 프랑스의 뉴턴이라고도 불리는 수학자이자 과학자인 피에르 시몽 라플라스Pierre-Simon Laplace는 행성의 궤도 뿐만 아니라 모든 자연법칙의 운영에서 신이 개입할 필요성을 없애버렸다. 자기가 프랑스 최고의 수학자라고 공언하는 바람에 친구가 없었던 그는 태양의 중력에 대한 행성의 반응뿐 아니라 행성들 사이에 발생하는 중력 요동까지 모두 고려해 행성의 궤도를 세심하게 계산했다. 그리하여 태양계는 뉴턴이 기술한 중력 법칙 아래서 그 자체로 완벽히 안정적이라는 결론을 내렸다. 중력 마찰이 행성계를 붕괴시키지 않을 거라는 뜻이다. 따라서 신의 개입은 불필요했다.

19세기 영국의 수학자 오거스터스 드모르간Augustus De Morgan에 따르면, 당시 파리에 다음과 같은 이야기가 나돌았다고 한다. 라플라스가 천체의 역학에 대한 자신의 위대한 책을 나폴레옹Napoleon 황제에게 선사했을 때, 민망한 질문을 던지기 좋아했던 나폴레옹은 음흉하게 이렇게 물었다. "듣자 하니 너의 책은 신에 대해 전혀 언급하지 않는다면서?" 그러자 라플라스는 대답했다. "저는 신의 존재를 가정할 필요가 없습니다."[11]

20세기에는 시간과 공간이 운동과 중력을 통해 어떻게 수축하고 팽창하는지에 관한 법칙(상대성이론), 아원자입자들의 미시적 행동에 관한 법칙(양자역학), 원자핵을 흩어지지 않게 붙잡아주는 힘에 관한 법칙(양자색역학) 등이 발견되었다. 물리학자들은 이런 법칙들을 바탕으로 자연법칙에 대한 이해와 믿음을 체계적으로 정리할 수 있었다. 그러나 믿음이 워낙 확고했기에 이미 확립된 법칙이 침범을 당하는 듯 보이면 과학자들은 크게 동요했다. 에너지 보존의 법칙이 그 예다. 이 법칙은 19세기 중반에 독일의 의사이자 물리학자인 율리우스 로버트 마이어Julius Robert Mayer와 양조업을 하던 부유한 영국 가문 후손인 프레스콧 줄Prescott Joule 두 사람의 독립적인 실험을 통해 발견되었다. 줄은 상속받은 돈으로 자신의 연구실을 차렸다.

3장 「영적 우주」에서 살펴보았듯이 에너지 보존의 법칙에 따르면 에너지의 형태는 바뀔 수 있으나 고립된 용기 안의 총에너지 양은 변하지 않는다. 지난 2세기 동안 우리는 운동, 열, 중력, 그리고 다른 수많은 현상 속에 들어 있는 에너지의 양을 정량화하는 법을 발견했다. 그리고 그 결과 고립계의 총에너지 양에는 변화가 없다는 사실을 확인했다. 만약 열한 자리 단위의 화학에너지를 가진 폭탄을 그 무엇도 통과할 수 없는 상자 안에 넣고 폭발시키면 잠시 후에는 폭탄 속에 들어 있던 화학에너지가 빛과 날아다니는 폭탄 조각의 운동에너지와 열에너지로 바뀌어 있을 것이다. 하지만 에너지의 총량은 열한 자리 단위 그대로 변화가 없을 것이다. 에너지 보존의 법칙은 과학계의 신성불가침 영역 중 하나다. 19세기 중반 이후로 에너지 보존의 법칙은 과학의 다른 모든 법칙 속으로 깊숙하게 파고들었다.

그러다가 1914년에 물리학자들이 에너지 보존의 법칙을 거스르는 듯한 현상을 발견했다. 어떤 종류의 방사성 원자는 '베타입자beta particle'라는 아원자입자를 방출한다는 사실이 밝혀진 것이다. 그 아원자입자를 방출하기 전후로 원자의 에너지를 측정할 수 있는데 에너지 보존의 법칙에 따르면 베타입자의 에너지는 베타입자 방출 전후 원자의 에너지 차이와 같아야 한다. 서로 다른 두 시점의 은행 잔액 차이가 그 기간의 총지출 액수와 같아야 하는 것처럼 말이다. 그런데 이런 예상과 달리 베타입자의 에너지가 시시때때로 달라져서 한번은 이런 값이 나왔다가 다른 때는 또 다른 값이 나오는 것으로 밝혀졌다. 일부 물리학자들이 측정을 되풀이해보았지만 마찬가지로 혼란스러운 결과가 나왔다. 어떤 사람은 베타입자가 실제로는 올바른 에너지를 가지고 방출되지만 측정 전에 다른 원자들과 무작위로 충돌하는 과정에서 그 에너지의 일부를 잃는 거라고 주장했다. 일부 저명한 물리학자들은 에너지 보존의 법칙이 옳기는 하지만, 어쩌면 각각의 원자에서 일어나는 사건마다 모두 유효한 것이 아니라 평균적인 의미에서만 유효한 것일지도 모르겠다고 조심스럽게 의견을 내놓았다.

독일 튀빙겐에서 중요한 과학 학술대회가 열리기 직전이던 1930년 12월에 오스트리아의 영재였던 볼프강 파울리

Wolfgang Pauli는 베타입자 방출의 골치 아픈 딜레마에 관해 자기 동료들에게 편지를 썼다. 그의 편지는 이렇게 시작한다. "방사능을 사랑하는 신사 숙녀 여러분께. …… 제가 에너지 보존의 법칙을 구원해줄 필사적인 해결책을 생각해냈습니다."[12] 그러고서 파울리는 방사성 원자가 베타입자를 방출할 때 기존에 알려지지 않은 또 다른 종류의 입자를 함께 방출한다고 주장했다. 이 입자를 이제는 중성미자neutrino라고 하는데 중성미자와 베타입자의 에너지를 합하면 원자 은행 잔액의 차이와 같아진다는 것이다. 바꿔 말하면 에너지 소비량 중 일부가 계산에서 빠졌다는 이야기다.

물리학에서 새로운 종류의 기본 입자가 존재한다는 주장은 가볍게 받아들일 성질의 것이 아니었다. "내 해결책이 믿기 어려워 보일 수 있다는 점은 인정합니다. 그런 입자가 실제로 존재한다면 누군가가 이미 그 입자(중성미자)를 발견했어야 하니까요. 하지만 결국은 과감한 자가 승리하는 법입니다." 파울리는 이렇게 동료들에게 전하는 사과의 말로 편지를 마무리했다. 파울리는 튀빙겐에서 열리는 학술대회를 빠져야 할 상황이었다. 취리히에서 무도회가 열릴 예정이었는데 그가 거기에 없어서는 안 될 인물이었기 때문이다.

에너지 보존의 법칙을 내려놓을 수 없었던 물리학자들은 파울리가 발표한 보이지 않는 중성미자에 달려들었고 심지어는 방사성 원자에 대한 새로운 이론 속에 중성미자를 끼워 넣기 시작했다. 이후 중성미자는 그저 희망 섞인 꿈으로만 남아 있다가 1956년 미국의 물리학자 클라이드 카원Clyde Cowan과 프레더릭 라이너스Frederick Reines가 사우스캐롤라이나의 서배너강 원자로에서 중성미자를 감지해내며 그 존재가 확인되었다. 자연스럽게 에너지 보존의 법칙은 최상위 법칙으로서 자리를 유지하게 되었다.

자연법칙은 우리가 몸담고 있는 이 이상한 우주에서 정신을 온전히 유지할 수 있게 도와준다. 자연법칙은 신의 변덕으로부터 우리를 보호해주고 질서와 합리성, 그리고 통제에 대한 깊은 정서적 갈망을 충족시켜준다.

* * *

그러나 여전히 우리 안에는 모순이 존재한다. 『자연의 경이와 질서*Wonders and the Order of Nature*』라는 뛰어난 책에서 과학 역사가인 로레인 대스턴Lorraine Daston과 캐서린 파크Katharine

Park는 상식과 맞아떨어지지 않는 놀랍고 기이한 것들에 매력을 느끼는 인간의 본성에 대해 자세히 설명했다.[13] 마르코 폴로Marco Polo는 퀼론의 인도 왕국에서 완전히 시커먼 사자를 발견했던 일에 대해 열변을 토했다. 비트리의 제임스James of Vitry는 아이슬란드에서 발견한 한밤중에 떠 있는 이상한 태양, 브리튼 섬에서 발견한 꼬리 달린 사내들, 부르고뉴 알프스Burgundian Alps에서 발견한 거대한 갑상샘종을 달고 있는 여성들에 대해 보고했다. 다른 여행자들도 양처럼 생긴 작은 동물이 들어 있는 호리병 모양의 박, 인간의 얼굴과 전갈의 꼬리를 한 짐승, 유니콘, 개처럼 털이 많은 머리를 가진 인간, 살아 있는 것을 돌로 만드는 호수, 색깔을 띤 산, 환각을 일으키는 식물, 병을 고치는 물, 나란히 위치한 행성의 힘, 벌레를 토해내는 사람, 처녀의 잉태, 성적 흥분을 일으키는 가루와 같은 것들에 대해 한껏 들떠서 기록해놓았다.

스코틀랜드의 철학자 데이비드 흄David Hume은 자신의 수필 「기적에 관하여Of Miracles」에서 이렇게 적었다. "기적으로부터 발생하는 놀라움과 경이로움에 대한 열정은[14] 아주 기분 좋은 감정이기 때문에, 그런 감정을 겪고 나면 그 열정을 불러일으킨 사건을 믿는 경향이 생긴다." 좀 더 최근에 프랑스의 철학자 미셸 푸코Michel Foucault는 이렇게 적었다. "호기심은 나를 즐겁게 한다.[15] 호기심은 우리를 둘러싸고 있는 기이하고 특이한 것들을 찾아내고 싶은 마음을 불러일으킨다. 이는 익숙함을 깨뜨리기를 원하는 어떤 집요한 마음이다."

대스턴과 파크는 경이로움과 기적의 매력적인 요소는 무지無知에서 나오는 경우가 많기 때문에 수세기에 걸쳐 이 요소가 점차 감소했다고 주장했다. 하지만 나는 이렇게 주장하고 싶다. 기적의 범주를 확장해 상식적인 사고방식이나 알려진 설명에 들어맞지 않는 놀라운 현상이나 관찰까지 포함시킨다면, 이런 매력적인 요소는 오늘날에도 여전히 존재하며 심지어는 제대로 교육받은 문화 시민 사이에서도 꽤 많이 존재한다고 말이다. 캘리포니아공과대학교의 스피로풀루 교수를 생각해보면 알 수 있다. 아니면 시인 월리스 스티븐스Wallace Stevens를 생각해봐도 그렇다. 그는 이렇게 적었다. "상상력이 풍부한 사람은 삭막한 이성의 왕국이 아니라 상상의 왕국에서 기쁨을 얻는다."[16] 최근 퓨리서치센터Pew Research Center의 여론조사 내용만 봐도 미국인 3분의 2가 초자연적인 현상의 존재를 믿고 있다.[17]

물론 예상치 못한 결과가 나와 '고민의 쳇바퀴' 속으로 내

던져지기를 바랐던 스피로풀루 교수와 이성보다는 상상력을 더 좋아하는 스티븐스, 나아가 초자연적 현상에 대한 대중의 믿음이 모두 다 똑같은 것은 아니다. 하지만 이들은 서로 연관되어 있다. 이상하고 놀라운 것에 대한 열망은 인간의 본성에 각인된 듯하다. 마찬가지로 익숙하고 질서 정연하고 합리적인 것에 대한 욕망도 그와 나란히 새겨져 있는 것을 보면, 이는 동양철학에서 말하는 음양陰陽의 또 다른 예라고 할 수 있다. 음양이란 말 그대로 어둠과 빛을 말한다. 뜨거움과 차가움, 낮음과 높음, 물과 불, 질서와 무질서, 합리성과 비합리성처럼 겉으로는 정반대지만 서로를 보완하면서 자연에 존재하는 모든 것을 떠받치는 두 가지 힘이다.

과학의 합법칙성과 논리성에 대한 모순적인 태도가 우리 자신의 육체와 정신에 대한 사안만큼 분명하게 드러나는 영역은 없다. 생물학이 탄생한 이후로 줄곧 이 분야를 괴롭혀온 질문이 있다. 오늘날까지도 일부 사람들 사이에서는 이 질문의 불씨가 완전히 꺼지지 않고 살아 있다. 바로 '생물체와 무생물체는 서로 다른 법칙을 따르는가'라는 질문이다. 4장 「거대한 우주」에서도 이야기가 나왔지만 '생기론자'들은 생명에는 특별한 속성이 존재한다고 주장한다. 뒤죽박죽 섞인 조직과 화합물을 생명력으로 충만하게 만들어주는 어떤 비물질적, 영적, 초월적 힘이 존재한다는 것이다. 이 초월적 힘은 물리적 설명을 뛰어넘는다. 반면 '기계론자'들은 궁극적으로 물리학과 화학의 법칙을 통해 살아 있는 동물의 모든 작용을 이해할 수 있다고 믿는다. 플라톤과 아리스토텔레스는 생기론자였다. 이들은 물질보다는 영적인 것에 좀 더 가까운 이상화된 '목적인目的因, final cause', 즉 사물의 궁극적인 목적이 생식세포를 성인의 형태로 발달하도록 이끈다고 믿었다. 무형의 정신과 유형의 육신을 명확하게 구분한 것으로 유명한 르네 데카르트René Descartes는 비물질적인 영혼이 물질적인 육체와 솔방울샘pineal gland•에서 상호작용한다고 주장했다. 19세기 중반 가장 권위 있는 화학책이었던 『화학 교과서*Lärbok i kemien*』에서 옌스 야코브 베르셀리우스Jöns Jacob Berzelius는 간단히 이렇게 적었다. "살아 있는 자연 안에서는[18] 원소들이 죽은 자연 안에 들어 있을 때와는 완전히 다른 법칙을 따르는 것으로 보인다."

• 뇌 정중앙에 있는 솔방울 모양의 작은 샘으로, 데카르트는 이곳이 바로 영혼이 거주하는 장소라고 생각했다.

베르셀리우스의 위대한 책이 나왔던 그 시기, 기계론자들은 동물에게 필요한 에너지는 오로지 음식물의 화학적 분해를 통해서만 공급되며 무게가 없는 비물질적인 영혼이나 특별한 자연법칙은 전혀 필요하지 않다는 결론을 내렸다. (라플라스가 나폴레옹에게 대답했던 말이 떠오른다.) 하지만 이런 설명에도 호모사피엔스들은 여전히 만족스러워하지 않았다. 인간의 몸을 여러 개의 코일 스프링, 움직이는 공, 추, 지렛대 등이 모인 집합체로 바꿀 수 있다는 생각을 받아들일 수 없었던 것이다.

그럼 우리의 정신은? 우리의 정신은 그저 쿨롱의 법칙이나 다른 과학 법칙의 명령에 따라 화합물과 전기신호의 형태로 정보를 저장하고 전달하는, 끈적거리는 신경세포들의 집합체인 뇌에 불과하단 말인가? 기계론자들은 우리를 둘러싼 자연법칙을 충분히 고려하고 세계가 물리적인 속성을 갖고 있다는 사실을 전제하면 고성능 컴퓨터가 인간의 생각과 행동을 완벽하게 예측할 수 있다고 주장한다. 만약 이것이 사실이라면 불합리한 행동은 애초에 존재하지 않는다. 우리의 모든 생각과 말과 행동은 뇌의 과거 상태, 그리고 멈춤 없이 이어질 자연법칙들을 합리적으로 엄격하게 따르고 있을 뿐이니까 말이다.

"아니야, 말도 안 돼, 그렇지 않다고!" 도스토옙스키Fyodor Dostoevsky의 『지하 생활자의 수기』에 나오는 이름 모를 화자의 날카로운 비명이 들리는 듯하다. 정신의 모순적인 면을 문학적으로 탐색한 최초의 현대 문학작품 중 하나인 이 단편소설에서 화자는 기득권 지식인층의 이성에 대고 비난을 퍼붓는다.

> 이 사내는 한번은 자신이 이성과 진리의 법칙에 맞춰 행동할 필요가 있음을 유창한 말솜씨와 명확한 논리로 설명하다가도[19] …… 15분 정도가 지나고 나면 외부에서 어떤 갑작스러운 원인이 있었던 것도 아닌데 자신의 모든 관심사보다 더욱 강력한 내면의 무엇 때문에 완전히 다른 광기를 부린다. 그러니까 자기 자신이 방금 말한 것과 정반대로 행동하는 것이다. 그는 합리적인 법칙도 거부하고, 자신의 이해관계도 거스른다. 한마디로 세상 모든 것에 저항하는 것이다. …… 그는 자신이 피아노 건반이 아닌 인간이라는 사실을 확인해 만족할 수만 있다면 무슨 짓이든 할 것이다! …… 그게 전부가 아니다. 만약 실제로 자신이 피아노 건반이라는 것이 밝혀지고 그것이 수학이나 자연과학을 통해 직접 그의 눈앞에

서 증명된다고 해도, 그 사내는 제정신으로 돌아오기는커녕 배은망덕하게도 일부러 반대되는 행동을 할 것이다. 자기가 멋대로 행동할 수 있음을 보여주기 위해서 말이다.

우리는 어떤 대가를 치르고서라도 자유를 쟁취하려 한다. 우리는 합리적 우주를 발견하는 데서 기쁨을 얻지만 우리 자신은 그런 규칙에서 예외라는 조건을 내건다. 우리는 질서와 합리성을 숭배하지만 무질서와 비합리성을 맹목적으로 좋아하는 면도 갖고 있다. 나는 미래에 등장할 '심신 문제 실험mind-body experiment'을 상상해본다. 지적인 사람 한 명을 방 안에 들여보낸 뒤 방을 방음처리하고 완전히 봉인한다. 이렇게 감각 입력을 최소화한 다음 그 사람에게 정서적, 심미적, 윤리적 문제와 관련된 일련의 질문을 던진다. 몹시 어려운 질문을 말이다. 그리고 그 방에 들여보내기 전에 실험참가자의 뇌를 완벽하게 검사해 각 신경세포의 화학적·전기적 상태를 측정하고 기록했다고 가정해보자. 이런 실험은 원칙적으로는 가능하다. 그렇다면 여기서 다음과 같은 의문이 떠오른다. 성능이 무척 뛰어난 컴퓨터와 모든 자연법칙이 주어진다면 각각의 질문에 대해 이 실험 참가자가 어떤 대답을 할지 우리가 정확하게 예측할 수 있을까?

나 자신도 과학자이기는 하지만 나는 부디 이런 예측이 불가능하기를 바란다. 그 이유는 나도 꼬집어 설명하기가 힘들다. 나는 합리적 법칙이 물리적 우주를 완전히 지배한다고 믿으며 육체와 정신 또한 순수한 물리적 존재라고 믿는다. 더 나아가 기적이나 초자연적인 현상도 믿지 않는다. 그러나 내가 만약 누군가가 두드리는 대로만 소리를 내는 피아노 건반처럼 이미 결정된 대로 생각하고 행동하는 존재라고 한다면, 도스토옙스키의 소설에 등장하는 인물처럼 나 역시 그런 생각을 도저히 견딜 수 없을 것이다.

나는 내 행동의 예측 불가능성을 원한다. 나는 자유를 원한다. 나는 내 뇌 속에 일종의 '나'로서 존재하는 상태가 있기를 원한다. 내가 신경세포와 나트륨 채널sodium gate, 아세틸콜린acetylcholine 분자를 모아놓은 집합체가 아닌 그 이상의 존재이기를 원한다. 그리고 나는 그 자리에서 바로바로 결정을 내리는 선장이기를 원한다. 그 결정이 좋은 결정인지 나쁜 결정인지는 중요하지 않다. 마지막으로 나는 신비의 힘을 믿는다. 아인슈타인이 이런 글을 쓴 적이 있다. "우리가 겪을 수 있는 가장 아름다운 체험은 신비다. 신비는 진정한 예술과 과학의 요람에 자리 잡은 근본적 감정이다."[20] 나는 모든 해답을 알지 못하는 세상에 사는 것이 정말 중요하다고 믿는다. 이해하지 못하는 것이 있기에 우리가 그것으로부터 영감과 자극을 받는 것이라 믿고 있다. 그리고 부디 아는 것과 모르는 것 사이에 가장자리가 늘 존재하기를 바란다. 그 가장자리 너머가 바로 기이함, 예측 불가능성, 그리고 생명이 자리하는 곳이기 때문이다.

7

분리된 우주

오감 너머의 세계

The Accidental Universe

1851년 1월 8일 꼭두새벽, 파리 뤽상부르공원에서 멀지 않은 아싸Assas가의 한 집에서 지구가 축을 중심으로 자전한다는 직접적인 증거가 처음으로 제시되었다.[1] 레옹 푸코Léon Foucault라는 이름의 작고 연약한 사내가 자신의 집 지하실에서 연구를 거듭하며 밝혀낸 결과였다.

인류는 푸코의 실험 결과를 2000년이나 기다려왔다. 기원전 3세기 이후 소수의 반항적인 사상가들은 태양과 별이 매일 뜨고 지는 것은 지구가 자전운동을 하기 때문이라고 추측했다. 하지만 당시에는 고정된 지구를 중심으로 하늘이 돌고 있다는 관점이 지배적이었고 지구가 자전한다는 개념은 상식에 터무니없이 어긋났기 때문에 사람들은 그 추측을 받아들이지 않았다. 어쨌거나 우리는 지구가 우주 공간을 회전한다고 해서 현기증을 느끼거나 속도를 감지하지는 못한다. 집 문을 나설 때도 지구의 회전 때문에 발생한 세찬 바람이 귓가를 때리는 일은 일어나지 않는다. 몇몇 사상가들의 주장대로, 만약 지구가 축을 중심으로 하루에 한 바퀴를 돈다면 적도에 서 있는 사람은 시속 1600킬로미터라는 엄청난 속도로 움직인다고 볼 수 있다. 아리스토텔레스는 만약 지구가 실제로 동쪽 방향으로 회전을 하고 있다면 위로 던져 올린 물체는 서쪽으로 멀리 가서 떨어지게 된다는 설득력 있는 주장을 펼쳤다. 그와 비슷한 이유로 구름이나 새들 역시 서쪽으로 밀려날 것이다. 하지만 이런 현상이 관찰된 적은 없었다.

나중에 과학자들은 지구가 자신의 축을 중심으로 자전한다고 해도 수직으로 쏘아올린 물체 역시 땅의 운동을 함께 하고 있기 때문에 원래의 장소에 그대로 떨어진다고 주장했다. 그리고 공기 역시(구름과 새도) 땅에 뒤처지지 않고 땅과 함께 실려 간다고 주장했다. 그리하여 대부분의 사람은 지구가 태양 주위를 공전하는 동시에 자신의 축을 중심으로 자전한다는 코페르니쿠스의 새로운 천문학 모형을 받아들일 수 있었다. 하지만 19세기 중반, 여전히 직접적인 증거는 나오지 않은 상태였다. 1851년 1월 8일, 푸코는 자신의 집 지하실에서 1.8미터짜리 강철 철사에 5.4킬로그램의 황동 추를 매달아서 흔들었다. 진자운동을 시킨 것이다. 이 시기 그는 일기에 다음과 같이 썼다.

> 금요일 (1851년 1월 3일) 새벽 1~2시.
> 첫 실험. 고무적인 결과. 철사가 끊어짐. ……
> 수요일 (1851년 1월 8일) 새벽 2시.
> 진자가 천구의 일주운동diurnal motion 방향으로 회전했다.[2]

진자의 회전은 결정적인 단서였다. 모든 것은 기준틀frame of reference에 달려 있다. 물리학자들은 회전하지 않는 기준틀 안에서는 진자의 흔들림이 동일 평면상에 남는다는 것을 입증했다. 즉 흔들림의 방향이 회전하지 않는다는 것이다. 하지만 푸코의 진자는 지구에 고정되어 있는 실험실 탁자를 기준으로 천천히 회전하기 시작했다. 그렇다면 이것이 의미하는 바는 단 하나, 지구가 회전하지 않는 기준틀이 아니라는 의미였다. 지구는 자전하고 있었다. 그 효과는 크지 않았다. 진자가 회전하는 속도는 10분당 2도 미만이었다. 하지만 마찰로 인해 운동이 많이 줄어들지 않는 견고한 진자를 이용해 세심하게 관찰하면 그 영향을 측정할 수 있었다. 162센티미터 정도의 작은 키에 지인들로부터 무르고 소심하고 보잘것없는 사람이라 무시당하던 푸코는 의사가 되기 위해 노력했지만 도저히 피를 볼 수가 없어 의학을 버렸다.[3] 그리고 이제 갓 서른 살이 된 그는 위대한 실험물리학자가 되기 위한 길을 착실히 밟아가고 있었다.

그는 무척이나 소심했지만 자신의 발견을 대중 앞에서 멋지게 시연해 사람들을 놀라게 하기로 결심한다. "내일 오후 2시에서 3시 사이에 파리천문대 자오선실Meridian Room에서 지구의 자전을 여러분 앞에 선보입니다."[4] 그가 2월에 보낸 공문에는 이렇게 적혀 있었다. 이 시연에 참석했던 한 기자가 「르나시오날Le National」에 이런 글을 실었다. "나는 약속된 시간에 자오선실에 있었고, 거기서 지구의 자전을 목격했다."[5]

물론 이 기자와 그의 친구들이 지구가 자전하는 모습을 실제로 본 것은 아니었다. 이들이 지구의 자전을 몸으로 느낀 것도 아니었다. 지구가 자전하는 소리를 듣지도 못했다. 지구의 자전은 눈에 보이지도 않고 소리도 나지 않는다. 사실 지구의 자전은 인간의 감각으로는 관찰할 수 없다. 이 시연회의 구경꾼들은 심오하지만 눈에는 보이지 않는 세상의 속성을 푸코의 진자, 그리고 자신의 지적 추론을 통해 알게 되었다. 푸코의 진자는 그보다 200년 앞서 개발된 최초의 망원경과 함께 인류 문명사에 새로운 시대가 시작되었음을 알렸다. 자연에 대한 지식이 우리의 감각적 경험이 아닌 기구와 계산을 통해 만들어지는 시대가 열린 것이다. 푸코 이후로는 우리가 우주에 대해 아는 지식 중에서 우리의 몸으로 감지되지 않고 감지할 수도 없는 것들이 점점 더 많아졌다. 우리가 눈으로 보고 귀로 듣고 손가락으로 만져서 아는 것들은 실재의 작은 일부분에 불과하다. 우리는 인공의 장비를 이용해 이 숨겨진 실재를 조금씩 조금씩 밝혀냈다. 허위보다는 오히려 실재가 상식에 어긋나는 경우가 더 많다. 실재가 오히려 우리 몸에 낯설게 다가오는 것이다. 세상의 작동 방식에 관한 가장 기본적인 개념들을 다시금 돌아보게 만드는 것도 실재다. 그리고 지금 이 순간, 우리가 직접 경험하는 세상의 가치를 깎아내리는 것 역시 실재다.

* * *

인간의 감각 너머에 있는 세상을 가장 분명하게 보여준 것은 우리 눈에 보이지 않는 빛이 엄청나게 많이 존재한다는 발견이었다. 19세기 중반에 스코틀랜드의 물리학자 제임스 클러크 맥스웰James Clerk Maxwell은 모든 전기 현상과 자기 현상을 기술하는 네 개의 방정식을 완성했다. 이 방정식들을 적절히 조작해보니 물결파water waves가 물을 뚫고 움직이듯 공간을 뚫고 움직이는 파동의 존재가 예측되었다. 다만 그 가상의 파동은 파도의 물마루 대신 진동하는 전기력과 자기력으로 이루어져 있었다. 그리고 방정식을 통해 나온 이 '전자기파'의 속도는 초속 30만 킬로미터로, 그에 앞서 관찰되었던 빛의 속도와 같았다. 이 두 속도가 서로 같다는 점을 바탕으로 맥스웰은 우리가 빛이라 부르는 현상이 사실은 전자기 에너지파의 이동일 거라고 추측했다. 더군다나 방정식에 따르면 그런 파동은 우리 눈에 보이는 범위보다 훨씬 짧은 파장에서 시작해 훨씬 긴 파장에 이르기까지, 전자기 스펙트럼electromagnetic spectrum이라는 굉장히 다양한 범위에 걸쳐 발생할 수 있었다. 물론 당시에는 이 모든 결론이 가설일 따름이었고 종이 위에 휘갈겨 적은 수학기호에 불과했다. 하지만 과학의 역사를 통해 우리는 이런 수학적 계산을 진지하게 받아들여야 한다는 것을 배웠다. 눈에 보이든 보이지 않든 이런 방정식은 실재를 기술하고 있는 경우가 많다.

맥스웰의 방정식을 진지하게 받아들인 사람들 가운데 독일의 물리학자 하인리히 헤르츠Heinrich Hertz가 있었다. 헤르츠는 진동하는 전류가 흐르는 장치를 만들었다. 맥스웰의 이론에 따르면 이 장치는 전자기파를 생성할 수 있다. 이 장치는 '송신기'에 해당했다. 그러고 나서 헤르츠는 두 번째 장비인 '수신기'를 만들었다. 이 수신기는 철사 가닥을 고리 모양으로 구부려 양 끝이 거의 만나는 형태를 하고 있었다. 헤르츠는 송신기를 작동시킨 뒤에 수신기를 자신이 교수로 있는 카를스루에공과대학교 강의실 반대편에 갖다 놓았다. 수신기를 주의 깊게 살펴보던 그는 송신기를 켰을 때 전기가 수신기의 철사 양 끝 사이를 뛰어넘으며 희미한 불꽃을 내는 것을 관찰했다. 하지만 송신기와 수신기 사이 공간에는 공기, 그리고 딴생각을 하고 있는 학생들밖에 보이지 않았다. 맥스웰이 예측한 대로 눈에 보이지 않는 에너지의 파동이 송신기에서 수신기로 이동하고 있음이 분명했다. 이후 헤르츠는 그 파장을 계산할 수 있었는데 그 길이가 가시광선의 파장보다 훨씬 길었다. 이 보이지 않는 파동은 바로 라디오파radio wave였다. 이것은 인간이 만든 최초의 라디오파였지만 인간의 눈에는 전혀 보이지 않았다. 헤르츠는 한 동료에게 이렇게 말했다. "이것은 아무런 쓸모도 없는 것입니다. …… 그저 맥스웰이라는 거장의 말이 옳았음을 입증하기 위한 실험일 뿐이지요. 이 신비로운 전자기파는 맨눈으로는 보이지 않지만 분명 거기에 존재하고 있습니다."[6]

이제 우리는 인간의 뇌가 서로 다른 파장의 빛을 각각 다른 색으로 받아들인다는 것을 알고 있다. 인간의 눈에 보이는 색의 범위는 1센티미터의 40만 분의 1 길이의 파장을 가진 파란빛에서 1센티미터의 80만 분의 1 길이의 파장을 가진 빨간빛까지다. 하지만 빨간빛보다 더 빨갛고 파란빛보다 더 파란 거대한 빛의 대륙이 존재한다. 맥스웰과 헤르츠의 시대 이후로 우리는 우리 눈으로 볼 수 있는 빛보다 몇조 배나 더 긴 파장의 빛도 감지할 수 있는 장비를 만들어냈다. 이 빛은 잠수함의 비밀 통신에 사용되는 아주 긴 파장의 라디오파다. 그리고 우리 눈으로 볼 수 있는 빛보다 수조 배의 수만 배나 짧은 파장을 가진 빛을 감지할 수 있는 장비도 만들어냈다. 이것은 막대한 에너지를 갖고 있는 감마선gamma ray으로, 중성자별neutron star이라는 붕괴한 항성의 어마어마한 중력 안에서 만들어진다. 그리고 이 양극단 사이에는 온갖 파장을 가진 빛이 존재한다.

전체 전자기 스펙트럼 중에서 인간의 눈으로 볼 수 있는 범위는 초라할 정도로 좁다. 이 범위를 벗어난 온갖 파장의 빛이 공간을 끊임없이 가로지르고 우리 몸을 뚫고 지나간다. 그리고 따듯한 사막에서 한밤중에 흘러나오는 빛, 지구의 자기장 안에서 소용돌이치는 전자들이 방출하는 전파, 태양의 자기폭풍에서 나오는 X선과 같이 자신을 만들어낸 물체의 낯선 모습을 그려낸다. 물론 이런 현상들은 우리 눈에 보이지 않는다. 하지만 우리가 만든 장비들은 볼 수 있다.

어찌 보면 우리는 에드윈 애벗Edwin Abbott이 1884년에 쓴 소설인 『플랫랜드*Flatland*』에 사는 생명체와 비슷하다. 이 나라에는 2차원밖에 존재하지 않는다. 그래서 길이와 너비는 있지만 높이는 존재하지 않는다. 평면나라에서는 일꾼은 삼각형, 교수는 사각형이다. 성직자는 원형이다. 그리고 평면나라의 집들은 오각형이다. 비는 아래로 내리는 것이 아니라 2차원의 평면을 가로지르며 옆으로 미끄러져 지붕 판자를 두드린다. 여기서는 지붕 판자가 사실 판이 아니라 선이다. 평면나라의 거주자들에게 삶은 충만하고 완벽했다. 이들에게는 3차원이라는 개념이 없었다. 그러던 어느 날 3차원에서 방문객이 찾아왔다. 이 방문객은 자기네 세상이 얼마나 아름답고 다채로운지 설명한다. 평면나라 사람들은 2차원의 고개를 끄덕이며 그 말에 귀를 기울이지만 이해할 수는 없다. 우리의 장비도 마찬가지다. 이 장비들도 우리에게 우리의 경험에서 한참 비켜나 있는 세상에 대해 이야기한다.

1905년 아인슈타인이라는 이름의 독일 특허청 직원은 우리가 갖고 있는 시간 개념에 오류가 있다고 주장했다. 시간은 너무나 근본적인 존재여서 인류 역사에서 단 한 번도 의문이 제기된 적이 없었다. 하지만 아인슈타인은 시간이 절대적이지 않으며 두 사건 사이에 흐른 시간의 양은 그 사건을 관찰하는 관찰자들의 상대적 속도에 따라 달라진다고 주장했다. 아인슈타인은 이런 주장을 하는 데서 그치지 않았다. 그는 빛과 몇몇 철학적 원리에 대한 연구를 바탕으로 시계가 똑딱거리는 속도가 서로의 상대적 속도에 따라 어떻게 달라지는지를 정확하게 정량화하는 방정식을 내놓았다. 예를 들어 당신 시계에서 1초가 흐를 때 당신의 시계 곁을 시속 1600킬로미터의 속도로 지나가는 동일한 시계에서는 0.999999999999초가 흐를 것이다.

이 사례에서 볼 수 있듯이 우리가 일상에서 접하는 느린 속도에서는 그 차이가 아주 미미하다. 아인슈타인 이전에는 1초가 1초임을 그 누구도 의심하지 않았던 이유를 이것으로 설명할 수 있다. 하지만 이제 인간이 만든 장비는 그런 작은 차이도 측정할 수 있고, 그런 측정을 통해 아인슈타인의 이론이 옳다는 것을 확인했다. 더군다나 우리가 건설한 거대한 입자가속기들은 아원자입자들을 거의 빛의 속도에 가깝게 가속시킨다. 여기서는 '시간 지연time dilation' 효과가 크게 나타난다. 당신의 시계에서 1초가 흐를 때 빛의 속도의 99.99퍼센트로 당신을 지나가는 입자에서는 0.014초밖에 흐르지 않는다. 만약 우리가 그렇게 빠른 속도로 이동할 수 있다면 시간은 완전히 다른 의미를 가졌을 것이다. 그럼 우리는 여행을 할 때마다 시계를 다시 맞춰야만 한다. 우리가 이런 고속 여행을 하면 여행을 마치고 돌아왔을 때는 내 아이가 나보다 더 늙어 있을 수도 있다. 사실 이런 내용을 머리로 이해할 수는 있어도 감각적으로 느껴볼 수는 없으니, 시간을 몸소 체험한다는 측면에서 보면 우리는 아인슈타인이 말하는 상대성이론의 세계를 헤아릴 길이 없는 평면나라 사람들인 셈이다.

현대물리학만 보이지 않는 우주를 발견한 것은 아니다. 20세기 생물학은 신경 자극을 전달하고 정보를 저장하고 시각과 청각을 통제하는 수많은 세포구조물과 분자구조물을 추출하고 확인해냈다. 이런 것들은 우리가 눈으로 볼 수 있는 물체들보다 훨씬 작다. 그중에서도 가장 극적인 부분은 새로운 인간을 만들어내는 데 필요한 지시 사항들을 부호화하는 특정 분자를 발견해낸 일이었다. 현미경을 통하지 않고는 볼 수 없는 우리 몸속 수조 개의 세포 각각에는 이런 지시 사항의 완전한 집합체가 담겨 있다.

만약 우리가 개개의 분자들을 볼 수 있고 우리 몸에서 1초에도 수조 번씩 일어나는 생화학적 반응을 인식할 수 있다면 어떤 느낌이 들까? 그리고 각각의 아데노신 3인산Adenosine triphosphate이 약간의 에너지를 방출하며 근육에 힘을 공급하고, 대뇌에 들어 있는 각각의 신경세포가 전기적 경련을 일으키고, 눈에 들어 있는 각각의 레티넨retinene 분자가 쭉 펴졌다가 다시 꼬일 때마다 이런 현상을 일일이 다 알아차릴 수 있다면 어떤 느낌일까? 우리는 배의 선장과 비슷하다. 함교 높은 곳에 앉아서 아래쪽 선실과 기관실에서 일어나는 일들을 보고받지만 자신이 직접 내려가 그 일들을 눈으로 확인할 수는 없다.

감각을 뛰어넘는 실재를 발견한 가장 놀라운 사례는 아마도 모든 물질이 때로는 입자처럼 때로는 파동처럼 행동한다는 사실일 것이다. 모래 알갱이 같은 입자는 각각의 순간에 어느 한 위치만을 차지한다. 반면, 물결파 같은 파동은 넓게 펼쳐져 있다. 파동은 동시에 여러 장소를 차지한다. 세상에 대한 우리의 모든 감각적 경험에 따르면, 물질계의 존재material thing는 입자면 입자 파동이면 파동이지 양쪽 모두일 수는 없다. 하지만 20세기 전반에 이루어진 실험은 모든 물질이 '파동-입자 이중성wave-particle duality'을 갖고 있음을 분명하게 보여주었다. 즉 물질이 때로는 입자처럼 때로는 파동처럼 행동한다는 것이다.

고체를 보면 그 위치를 꼭 집어 말할 수 있고 한 번에 한 장소만을 차지하고 있다는 인상을 받지만 사실은 그렇지 않다. 우리가 그동안 물질의 파동적 행동을 알아차리지 못한 이유는 원자 같은 아주 작은 크기에서만 그런 행동이 두드러지게 나타나기 때문이다. 우리 몸이나 우리가 보고 만질 수 있는 비교적 큰 규모의 물체에서는 입자의 파동적 행동이 미치는 영향이 아주 미미하다. 하지만 우리가 아원자입자 정도의 크기였다면, 우리 자신이나 다른 모든 물체가 한 번에 어느 한 장소에 존재하는 대신 안개처럼 넓게 펼쳐져 동시에 여러 장소에 존재함을 알아차렸을 것이다.

자연의 파동-입자 이중성을 다루는 과학 분야를 양자물리학이라고 부른다. 양자물리학의 방정식, 그리고 그 방정식의 타당성을 확인해준 장비들은 우리의 상식으로는 거의 헤아리기조차 힘든 실재를 세상에 드러냈다. 아원자입자들은 동시에 여러 장소에 존재할 수 있다. 아원자입자들은 한 장소에서 갑자기 사라졌다가 다른 장소에서 불쑥 나타날 수도 있다. 그리고 관찰자와 관찰 대상을 분리하는 것도 불가능하다. 사실 입자의 본성은 그 입자를 어떤 식으로 관찰하느냐에 따라 결정된다. 양자의 세계는 우리의 감각으로는 너무나 낯선 모습이기 때문에 우리에게는 그런 세계를 기술할 단어조차 없다. 현대물리학의 거장인 닐스 보어Niels Bohr는 1928년에 다음과 같이 적었다. "우리는 지금 아인슈타인이 따라갔던 바로 그 길 위에 서 있다. 자연법칙에 대한 지식이 점차 깊어짐에 따라 일상적인 지각에 의존하던 인식 방식을 차츰 우리의 지식에 맞추어 다듬어가고 있는 것이다. 하지만 이 길에서 우리는 난관에 부딪혔다. …… 바로 우리 언어 속 단어들이 모두 일상적인 지각하고만 관련되어 있다는 사실에서 비롯된 난관이다."[7]

* * *

이런 보이지 않는 세계를 세상에 드러냄으로써 우리를 자연에 더 가까이 다가서게 해준 과학과 기술이 오히려 우리를 자연, 그리고 우리 자신으로부터 분리시키고 있다는 사실이 내게는 커다란 모순으로 느껴진다. 요즘은 세상과의 접촉이 즉각적이고 직접적인 경험으로 이루어지는 것이 아니라 텔레비전, 휴대폰, 아이패드, 채팅방, 향정신성 약물 등 다양한 인공 장치를 통해 중재되는 경우가 많다. 우리 중에서 양자 세계의 파동-입자 이중성에 대해 알고 있거나 거기에 신경을 쓰는 사람은 극소수겠지만 사실 양자역학은 트랜지스터, 컴퓨터 칩, 그리고 이런 장치에 의존하는 현대의 모든 디지털 기술을 뒷받침하는 과학이다. 그와 유사하게 눈에 보이지 않는 방송 전파, 전화국, 무선통신중계기, 무선 모뎀 등을 통한 정보의 송신과 수신은 모두 맥스웰과 헤르츠가 발견한 보이지 않는 전자기파를 통해 이루어진다.

하지만 이런 기술에 동반되는 심리적 변화는 좀 더 미묘하게 나타나며, 어쩌면 이것이 더욱 중요한 부분인지도 모른다. 의식적으로든 무의식적으로든 우리는 육체와 분리된disembodied 기계와 장치를 통해 세상을 경험하는 일에 차츰 익숙해지고 있다. 얼마 전에 비행기에 타기 위해 줄을 서서 기다리는데 내 앞에 있던 한 젊은 여성이 거울을 보며 몸단장을 하고 있었다. 머리도 빗고 립스틱도 바르고 파우더도 바르고. 이 모두가 수천 년 동안 계속되어온 여성의 의식이다. 하지만 그 여성이 사용한 '거울'은 진짜 거울이 아니라 자가 촬영 방식으로 설정해놓은 스마트폰이었다. 여성은 디지털화된 자신의 이미지에 반응하고 있었다.

나는 매사추세츠 집 근처에 있는 국립공원 야생동물 보호구역에서 산책을 즐긴다. 비버, 물고기, 야생 오리, 기러기, 개구리 등이 북적거리는 호수 주위로 1.6킬로미터 정도 비포장 길이 구불구불 이어져 있다. 습지에서 자라는 부들이 연못 가장자리를 둘러싸고 있고 연꽃이 여기저기 떠 있어서 물고기가 그 아래로 지나갈 때마다 흔들거린다. 겨울에는 매서우면서도 상쾌한 바람이 불고 여름에는 향기 가득한 부드러운 바람이 분다. 국립공원 전체에 고요함이 두텁게 드리워져 있는데 가끔씩 끼루룩 거위 소리나 개구리 울음소리만이 그 정적을 깰 뿐이다. 이곳은 냄새를 맡고 보고 만져볼 수 있는 장소이자 고요함 속에서 마음이 정처 없이 방황을 즐길 수 있는 장소다.

그런데 요즘 들어서는 이 길을 산책하면서 스마트폰으로 통화를 하는 사람들이 자주 눈에 띈다. 이들은 자기 앞에 펼쳐진 풍경이 아니라 작은 상자에서 흘러나오는 육체와 분리된 목소리에 온통 관심이 쏠려 있다. 그리고 그들 자신 역시 육체와 분리되어 있다. 이들의 마음과 육체는 어디에 있을까? 분명 이 국립공원에 있지는 않다. 그렇다고 가상 공간을 가로질러 흐르는 전자기파와 디지털신호 속에 자리 잡은 것도 아니다. 그저 이들과 통화하는 사람의 사무실이나 회의실 또는 집에 있는 전화기에서 흘러나오는 목소리만 존재할 뿐이다. 이들은 양자 파동처럼 동시에 여러 곳에 존재하려 한다. 하지만 나는 이들이 그 어디에도 존재하지 않는다고 말하고 싶다.

자연보호구역을 걷고 있는 동안의 전화 통화는 자신과 직접 닿아 있는 환경과 어느 정도 단절됨을 의미한다. 그런데 문자메시지는 그보다 한층 더 추상화된 형태다. 최근 통신수

단으로 문자메시지를 선호하는 인구 집단이 점점 많아지고 있다. 2008년 9월에 마무리된 닐슨Nilson의 설문조사에 따르면 2006년 중반부터 2008년 중반에 이르기까지 미국인들이 이용한 통화 건수는 거의 비슷하게 유지되었다. 반면 문자메시지 이용은 450퍼센트나 증가했다.[8] 문자메시지 이용이 이렇게 많이 증가한 것은 대부분 10대의 몫이다. 10대들은 태어날 때부터 휴대폰, 인터넷과 함께 자란 세대다. 2011년 퓨리서치센터의 조사 내용을 보면 미국 청소년들은 하루 평균 110통의 문자메시지를 주고받는다.[9] 젊은 사람들은 국립공원에 가면 스마트폰으로 사진을 찍어서 페이스북에 올리기 바쁘다. 그러다 보니 정작 잠시 멈춰 서서 자기 두 눈으로 풍경을 감상하는 일은 까먹기 일쑤다. 이 새로운 행동 방식에서 가장 안타까운 부분은 이렇게 무언가의 중재를 통한 간접적인 경험을 자연스럽고 정상적인 행동으로 여기는 사람들이 점점 많아진다는 것이다. 특히나 젊은이들 사이에서 이런 경향이 두드러진다.

매사추세츠공과대학교의 심리학자이자 사회과학자인 셰리 터클Sherry Turkle은 1995년에 펴낸 『스크린 위의 삶*Life on the Screen*』에서 얼굴을 직접 맞대고 이루어지는 진짜 인간관계가

'다중우주 영역multiuniverse domain'과 인터넷 '채팅방' 형태의 가상현실로 대체되어가고 있는 모습을 묘사했다. 젊은 세대 중에는 현실의 삶real life보다 화면 위의 삶을 더 선호하는 경우가 많다. 터클은 『외로워지는 사람들*Alone Together*』이라는 책에서 이보다 한발 더 나아간다. 이 책에서 그녀는 메일과 스마트폰이 어떻게 정서적 혼란을 일으키고 미친 듯한 속도로 달려나가는 21세기에 대처하는 피상적이지만 편리한 방법을 만들어냈는지 고발하고 있다.

터클의 책에 나오는 57세의 화학 교수 레오노라는 이렇게 말한다. "나는 친구들과 만날 약속을 잡을 때 이메일을 이용하지만, 너무 바빠서 앞으로는 한 달에 한두 번 정도 만날 때가 많을 것 같아요. 이메일로 약속을 잡기 시작한 뒤로는 전화를 안 해요. 나도 전화하지 않고, 친구들도 전화하지 않죠. 어떤 기분이 드느냐고요? 내가 그 사람을 배려했다는 기분이 들죠."[10] 16세의 고등학생 오드리는 터클에게 이렇게 말했다. "온라인에서 아바타를 만들고 문자메시지를 보내는 것도 거의 똑같아요. …… 자기만의 이상적인 작은 인간을 만들어서 내보내는 거죠. …… 자신에 대해 원하는 것은 무엇이든 쓸 수 있어요. 다른 사람들은 모르니까 소용없는 일이죠. 자기가 원하는 사람으로 얼마든지 만들어낼 수 있어요. …… 현실의 삶에서는 이룰 수 없는 일이지만 인터넷에서는 얼마든지 이룰 수 있어요."

이런 사례들 모두 이제 우리에게는 무척 익숙해졌다. 그런데도 걱정스러운 것이 사실이다. 기술을 이용해 자신을 새로이 정의함으로써 우리를 직접 둘러싸고 있는 환경과 인간관계, 그리고 직접적인 감각을 통해 접하는 세상의 중요성이 많이 축소되고 말았다. 우리는 현실에 존재하지 않는 법을 스스로 훈련했다. 우리는 우리의 육체를 확장하고 '기술적 자아 techno-self'라 부를 만한 강화된 자아를 창조해냈다. 우리의 기술적 자아는 기존 자아보다 더 크기도 하고 작기도 하다. 보이지 않는 세상과 소통할 수 있는 거대한 힘을 갖게 되었다는 점에서는 더 커졌고, 자신을 직접 둘러싸고 있는 보이는 세상과 접촉하는 경험을 일부 희생시켰다는 점에서는 더 작아졌다. 우리는 직접적이고 감각적인 경험을 하찮은 것으로 만들어버렸다.

물론 이 가운데 상당 부분은 이미 오래전부터 있었던 이야기들이다. 18세기의 낭만파는 산업혁명과 그로 인해 기계화된 삶에 반기를 들었다. 사라져 가는 자연 풍경에서 느끼는 경외감과 친밀감을 미술을 통해 회복하려 했던 19세기 중반 허드슨 리버 화파의 화가들처럼 말이다. 일례로 토머스 콜Thomas Cole의 「캐츠킬의 강River in the Catskills」을 보면 전경에 있는 한 사람이 햇빛에 물든 강과 굽이치는 초록빛 언덕, 저 멀리 보이는 희미한 자홍색 산맥으로 이루어진 평화로운 풍경을 바라보고 있다. 그 사람의 느긋한 자세는 인간과 자연의 편안한 연대감을 이상적으로 상징하고 있다. 또한 초월주의자인 헨리 데이비드 소로는 다음과 같이 적었다. "우리가 철로를 타는 것이 아니다. 철로가 우리 위에 올라타는 것이다."[11]

소로 이후로 기술적 삶의 발전 속도는 기하급수적으로 빨라졌고 사람들도 세상을 점점 더 육체와 분리해 경험하게 되었다. 20세기 디지털 기술은 분명 우리의 기술적 자아를 강화하는 데 도움을 주었다. 하지만 좀 더 중요한 사회적 변화는 육체와 분리된 세상 경험에 대해 심리적으로 점차 적응하게 되었다는 점이다. 타인 및 환경과 주고받는 상호작용 중 상당 부분이 보이지 않는 것에 의해 중재됨에 따라 눈에 보이는 것들이 마치 신경 쓸 필요 없는 존재인 것처럼 느껴진다. 집을 나가지 않아도 화상 통화로 친구 얼굴을 볼 수 있는데 뭐하러 굳이 한 시간씩이나 운전해서 친구네 집을 찾아가겠는가? 아니면 훨씬 더 편리하게 문자메시지를 보내면 그만이다. 뱀을 보고 싶으면 고해상도 디지털 사진으로 실물보다 열 배나 더 확대해서 볼 수 있는데 뭐하러 뱀의 피부에 얼굴을 들이대고 바라볼 필요가 있겠는가? 사실 눈으로 체험하는 실재가 장치를 통해 파악하는 실재보다 오히려 저급해서 우리를 혼란에 빠뜨릴 수도 있다. 심지어 우리는 우리 몸이 지각하고 알려주는 것을 불신하게 될 때도 있다. 항공기 조종사들은 때때로 몸의 감각을 무시하고 장치에 의지해야 한다고 교육받는다.

요전에 25살 난 내 딸, 그리고 딸의 연인과 함께 외식을 하러 나간 적이 있다. 그때 마주친 대부분의 젊은이들이 자기 스마트폰을 식탁에 올려놓고 있었다. 마치 폐기종 환자가 어디를 가든 소형 산소탱크를 들고 다니듯이 말이다. 그들 중 한 명은 1~2분마다 고개를 숙여 스마트폰에 도착한 새 메시지를 확인하고 답장을 보냈다. 한 사람은 친구들에게 자기가 키우는 강아지의 디지털 사진을 보여주었다. 또 다른 사람은 스마트폰으로 음악을 틀고 있었다. 가끔은 대화 도중에 실생활과 관련 있는 질문이 나오기도 했는데 그럼 대화를 멈추고 인터넷에 들어가 그 질문의 해답을 검색했다. 이런 육체와 분리된 존재가 그들에게는 실재였다. 세상과 이렇게 관계를 맺는 것이 그들에게는 자연의 질서였다. 10년이나 15년 전과 달리 나는 딸과 그의 연인과 함께 식탁에 앉아 있는 기분이 들지 않았다. 나 자신도 디지털화된 기분이 들었고 우리 모두가 마치 인터넷을 통해 실시간으로 재생되고 있는 메가바이트의 정보인 것처럼 느껴졌다. 목소리로 나누는 대화나 직접 마주 보며 파악하는 표정은 수많은 소통 창구 중 하나로 전락해버렸다.

지구의 자전, X선과 라디오파, 광속에 가까운 속도로 일어나는 시간 지연, 아원자입자들의 파동적 속성 등에 대한 깊어진 과학적 지식이 오늘날 우리를 육체와 분리된 삶으로 이끈 직접적인 원인이라고 주장할 마음은 없다. 하지만 이런 지식, 그리고 거기서 등장한 새로운 기술들 때문에 우리가 보이지 않는 것에 익숙해진 것은 사실이다. 이런 친숙함 때문에 보이는 것, 그리고 직접 경험할 수 있는 세상이 담고 있는 활력이 시들어버렸다. 어린아이들은 리모컨의 단추를 누르면 텔레비전 화면이 바뀐다는 것을 어려서부터 배운다. 그리고 아빠의 컴퓨터 화면을 보면 수천 킬로미터 떨어져 있는 엄마를 만날 수 있다는 것도 안다.

* * *

계속해서 이렇게 육체와 분리된 존재 방식을 향해 나아간다면 과연 지금부터 100년 뒤의 세상은 어떤 모습일까? 상상하기가 쉽지 않다. 100년 전에 살았던 사람들도 지금의 세상을 상상하기는 어려웠을 것이다. 나는 지금부터 100년 뒤엔 우리가 부분적으로는 인간, 부분적으로는 기계인 모습을 하고 있지 않을까 추측해본다. 전자 귀를 달게 될지도 모르고 눈에는 X선과 감마선을 볼 수 있는 특수한 렌즈가 들어갈지도 모른다. 22세기가 되면 휴대폰에서 레이저 홀로그램으로 서신을 교환할 수 있어서 멀리 떨어져 있는 사람의 3D 영상을 보며 대화하게 될지도 모른다. 어쩌면 뇌 속에 직접 컴퓨터 칩을 이식해 인터넷의 거대한 정보에 곧바로 접속할 수 있을지도 모른다. 이런 컴퓨터 칩을 신경세포에 연결하면 우리는 5초 만에 새로운 언어를 배우거나 실제로 일어나지도 않은 사건을 기억하고, 의자에 혼자 앉아 성관계를 하는 기분을 느낄 수 있을 지도 모른다. 22세기 가정에서는 단추 하나만 누르면 모란과 라벤더, 여름 풀밭, 갓 구워낸 빵의 인공적인 향기가 방 안을 가득 채울 것이다. 또 다른 단추를 누르면 내가 산책

하러 가는 국립공원의 산과 나무들이 홀로그램으로 방 안에 등장할 것이다.

요즘 사람들이 스마트폰과 화상통신에 적응하는 것처럼 우리 대부분은 이런 새로운 삶의 방식에 적응하게 될 것이다. 그리고 이런 방식이 점차 자연스럽고 정상적인 생활 방식으로 자리 잡을 것이다. 하지만 여전히 직접 손편지를 써서 보내고 산책하러 나갈 때 스마트폰을 두고 가기를 고집하는 사람들이 있는 것처럼, 여기저기서 이런 생활 방식에 반기를 든 소수의 사람이 새로운 기술을 받아들이지 않고 자기들만의 공동체를 꾸릴 것이다. 이런 소수집단에 소속된 사람들은 자신이 무언가 소중한 것을 지켜냈다는 느낌을 받을 것이다. 자신들이야말로 주변과 더 맞닿아 있는 진정한 삶을 살고 있으며 자기 자신 및 환경과 더 깊은 관계를 맺고 있다고 말이다. 부분적으로는 맞는 말이다. 하지만 이들은 자신들의 방식으로는 보이지 않는, 자기 공동체 바깥의 더 큰 세상과는 단절되고 말 것이다.

감사의 글

「하퍼스 매거진」의 크리스토퍼 콕스, 「살롱」의 케리 로어먼, 「틴 하우스」의 체스턴 냅 등, 이 책에 담긴 몇 편의 수필을 쓸 수 있도록 힘을 북돋워 준 잡지 편집자분들께 감사의 마음을 전한다. 그리고 자신의 이야기를 쓸 수 있게 기꺼이 허락해준 앨런 구스, 스티븐 와인버그, 오언 깅거리치, 가스 일링워스에게도 감사드린다. 오랫동안 나와 함께 일해온 판테온 출판사의 댄 프랭크는 수필 몇 편을 추천해주었고, 나의 작업을 늘 격려하고 지원해주었다. 그리고 내 오랜 저작권 대리인 제인 겔프만에게도 늘 감사한 마음을 갖고 있다.

마지막으로 기꺼이 내가 쓴 모든 글의 첫 번째 독자가 되어준 아내 진에게 감사의 마음을 전한다.

옮긴이의 글

오전에는 물리학을, 오후에는 문학 창작을 가르치는 저자가 쓴 글이라니! 이 책에서 제일 먼저 시선을 끌었던 부분은 저자의 독특한 이력이었다. 예외 없는 법칙이 지배하는 우주를 연구하는 물리학, 이성으로는 설명하기 힘든 불합리한 인간사를 다루는 문학, 이 둘의 접목은 마치 둥그런 네모와 검은 백조처럼 모순된 조합으로 느껴진다. 그런데 사실 창조는 모순돼 보이는 것들이 서로를 밀어내지 않고 함께 뒤섞일 때 나오는 법이다. 문학적 감수성은 과학 분야에서 무척 중요하다. 위대한 과학적 개념이 세상에 등장할 때마다 그 전개와 검증은 냉정한 논리를 통해 이루어졌을지 모르나 개념의 출발점에는 어김없이 한순간의 통찰이 있었다. 그리고 이런 통찰은 문학적 감수성을 통해 얻어진다.

뉴턴에게 문학적 감수성이 없었다면 과연 나무에서 떨어지는 사과를 보며 만유인력에 대한 깨달음을 얻을 수 있었을까? 문학적 감수성이란 서로 관련이 있어 보이지 않는 다른 분야에서 그 '다름'을 관통하는 '같음'의 패턴을 찾아내는 능력을 일컬으며, 우리는 바로 그 통찰의 순간에 경이로움을 느낀다. 이 책에서는 누구보다 문학적 감수성이 풍부한 과학자 앨런 라이트먼이 현대물리학의 이모저모를 바라보며 깊이 있는 통찰을 보여준다. 물리학의 이야기를 문학에서 느끼는 가슴 뭉클한 감동과 함께 전달하는 것이다. 이 책이 과학 서적이면서도 한 편의 수필집에 더 가깝게 느껴지는 이유도 이 때문이다.

2016년 초 인류 대표 바둑기사 이세돌을 꺾은 알파고AlphaGo를 보며 어느새 인간의 지력을 넘보는 인공지능을 기대와 우려가 섞인 시선으로 바라보게 된다. 그래도 이 직관적 통찰만큼은 아직 인공지능이 넘볼 수 없는 인간만의 영역이 아닐까 생각한다. 기계가 신문기사도 쓰는 세상이지만 아직은 인공지능이 쓴 소설을 읽고 싶은 생각이 없다. (아이러니하게도 옮긴이의 글을 쓰고 바로 그다음 날 인공지능이 쓴 소설이 있다는 기사를 접하고 소설을 읽었다. 과연 인간의 개입 없이 어디까지가 순수하게 인공지능의 창작인지는 알 수 없지만 요즘 들어 인공지능에게 자꾸만 뒤통수를 얻어맞는 기분이다.)

앨런 라이트먼은 이 책에서 7가지의 우주를 소개한다. 이 우주들을 통해 그는 최근 물리학과 우주론에서 이루어진 발견들이 인류가 오랫동안 품어 왔던 질문에 어떻게 답하고 있는지 탐구한다. 이 우주에는 우리만 살고 있는가? 과학은 신의 존재를 증명할 수 있을까? 종교적 경험을 과학적으로 입증할 수 있을까? 우리는 왜 영원을 갈구하는가? 앨런 라이트먼은 과학자이자 소설가로서의 재주를 살려 물리학을 씨실 삼고, 인문학을 날실 삼아 이런 질문에 대한 나름의 대답을 짜 나간다.

이 책에서 소개하는 개념 중 아무래도 가장 흥미로운 것은 1장 「우연의 우주」에 나오는 다중우주다. 이것이 요즘 SF 소설이나 영화에서 약방의 감초처럼 등장하는 것을 보면 다중우주라는 개념 자체에 사람들의 흥미를 끄는 요소가 들어 있는 듯하다. 사실 이 개념은 철학적으로 무척 중요하다. 이론물리학자들은 오랫동안 우주의 모든 존재가 소수의 법칙과 매개변수에 의해 유도되는 '필연적인 우주'를 꿈꿨다. 하지만 다중우주의 개념은 우리 우주, 그리고 그 안에 사는 우리라는 존재가 우연에 의해 나왔다는 주장에 설득력을 더한다. 심란한 것은 그런 주장이 맞는지 틀리는지조차 증명할 수 없다는 점이다! 오늘날 인간이 파악하는 우주는 태양계를 벗어나지 못하던 초보적인 수준에서 우리 은하, 다른 은하계, 가시우주를 넘어 다중우주에 이르기까지 어마어마한 속도로 넓어지고 있다. 우주의 실제 팽창속도가 아무리 빠르다고 해도 인간이 파악하는 우주의 팽창 속도에 비하면 새 발의 피일 것이다. 하지만 7장 「분리된 우주」에서 앨런 라이트먼은 기술의 빠른 발달로 세상이 그 어느 때보다 넓어지고 있다는 환상을 갖게 되었지만 오히려 우리가 진정으로 접촉하는 세상은 좁아지고 있다고 말한다.

앨런 라이트먼은 이 책을 통해 과학자이자 작가로서의 경력, 그리고 남편이자 아버지로서의 경험을 살려 세상의 다양한 모순을 살펴보고 있다. 우리는 왜 유한한 삶을 살면서도 영원을 꿈꿀까? 왜 하루가 다르게 쑥쑥 자라는 자녀를 보며 기뻐하면서도 다 큰 자식을 보면서 어린 시절의 모습을 그리워할까? 그는 자신은 분명 무신론자이고, 물리적 우주의 모든 속성과 사건들이 법칙의 지배를 받으며 그 법칙들이 시간과 공간에 상관없이 동일하게 적용된다는 과학의 핵심 교리를 100퍼센트 믿는다고 말한다. 하지만 신의 존재를 애써 부정하려 드는 과학자를 보며 눈살을 찌푸리고, 과학 이론으로는 설명할 수 없는 '보이지 않는 질서'가 존재하는 공간을 인정한다. 그는 이 작지만 작지 않은 책을 통해 과학과 종교, 영성, 예술, 문학의 화해를 시도하고 있다.

이 책은 '과학의 결'과 '인문학의 결'을 어긋남 없이 살갑게 어울렀다. 이것이 바로 물리학과 인문학을 아우르고 있는 저자의 힘이 아닌가 싶다. 요즘 우리 사회를 보면서 이런 인문학적 소양이 아쉽다는 생각이 종종 든다. 우리는 학생 시절부터 분명한 답이 존재하는, 그것도 단 하나의 답만 존재하는 문제를 푸는 데 익숙해져 있다. 그래서인지 물고기가 물이 없는 세상에는 생명체가 살 수 없으며 모든 세상은 반드시 물로 채워져야 한다고 우기는 것처럼, 모두 자신의 우주가 이 세상의 유일한 우주라 주장하고 우긴다. 하지만 '다름'을 관통하는 '같음'을 바라볼 수 있을 때라야 비로소 우리는 서로의 차이를 존중하고 화해할 수 있을 것이다. 독자 여러분도 이 책에 소개

된 일곱의 우주 옆에 자기만의 우주를 하나씩 마련해서 서로를 초대해보면 어떨까. 나와 다른 우주를 바라보며 삶을 관통하는 '같음'을 통찰해보자.

2016년 4월

김성훈

인물 설명

가스 일링워스 Garth Illingworth, 1950~

미국의 천체물리학자. 캘리포니아대학교 샌타크루즈캠퍼스 교수. 우주의 형성 연구를 위한 다양한 관측 프로젝트에 참여하고 있다. 미국 허블우주망원경 국제공동연구진에 속해 빅뱅 4억 년 후 생성된 은하 관측에 성공했다(2016).

낸시 홉킨스 Nancy Hopkins, 1943~

미국의 분자생물학자. 매사추세츠공과대학교 교수. 유전 형질과 DNA구조, 바이러스의 연관성을 밝혀 각종 질병을 예방하는 방법을 연구하고 있다.

넬슨 만델라 Nelson Mandela, 1918~2013

남아프리카공화국 최초의 흑인 대통령. 인종차별 철폐를 위해 투쟁했으며 27년간의 수감생활을 겪었다. 전 생애에 걸쳐 세계 인권을 위해 힘쓴 공로를 인정받아 노벨 평화상을 수상했다(1993).

닐스 보어 Niels Bohr, 1922~2009

덴마크의 물리학자. 코펜하겐대학교 교수와 닐스 보어 이론물리학연구소 소장으로 활동했다. 원자핵을 연구해 원자 구조와 양자역학 이론의 기초를 다졌다. 1975년 노벨 물리학상을 수상했다.

데모크리토스 Democritos, B.C. 460?~B.C. 370?

고대 그리스의 철학자. 우주는 허공Kenon과 더 이상 쪼갤 수 없는 원자Atom로 이루어져 있으며, 원자의 내부는 빈 공간 없이 가득 차 있다고 주장했다. 만물이 원자로 구성되어 있다는 그의 원자론은 이후 유물론에 영향을 주었다.

데이비드 흄 David Hume, 1711~1776

영국의 철학자. 로크와 뉴턴의 사상에 영향을 받아 인간의 본성과 현실의 법칙을 논하는 인식론을 주장했다. 대표작으로 『인간 본성에 관한 논고A Treatise of Human nature』(1739~1740)가 있다.

라이너 마리아 릴케 Rainer Maria Rilke, 1875~1926

독일의 시인. 종교적 색채를 더한 낭만적 시풍으로 새로운 시의 경지를 개척했다. 조각가 로댕의 비서로 활동하며 예술성을 키웠다. 대표작으로 『오르페우스에게 바치는 소네트Die Sonette anOrpheus』(1923), 『젊은 시인에게 보내는 편지Briefe an einen jungen Dichter』(1929) 등이 있다.

랠프 월도 에머슨 Ralph Waldo Emerson, 1803~1882

미국의 시인이자 사상가. 신비적 이상주의자로서 이상주의적 관념론을 바탕으로 한 '초절주의超絶主義 운동'을 이끌었다. 그는 자연과 접촉하며 느끼는 고독과 희열을 통해 직관을 얻을 수 있으며, 그 과정에서 진리를 깨달을 수 있다고 주장했다. 자연과 인간에 대해 고찰한 수필 『자연Nature』(1836)이 그의 대표작이다.

레옹 푸코 Léon Foucault, 1819~1868

프랑스의 물리학자. 진자를 사용해 지구의 자전을 증명한 '푸코의 진자'로 명성을 얻었고, 반사망원경도 깊이 연구했다. 1855년 코플리상을 수상했다.

로렌 대스턴 Lorraine Daston, 1951~

미국의 과학 역사가. 시카고대학교 교수. 독일 막스플랑크연구소 연구원이자 미국 예술과학아카데미 회원이다. 인간 본성과 과학에 대해 연구하고 있다.

로렌스 크라우스 Lawrence Krauss, 1954~

미국의 이론물리학자. 애리조나주립대학교 교수. 우주의 기원과 생명의 특성에 대한 연구를 대중과 나누고자 하는 오리진 프로젝트Origin Project를 추진했다. 300여 편의 논문과 『스타트렉의 물리학The Physics of Star Trek』(1995), 『퀀텀맨Quantum Man』(2011) 등의 저서로 대중적 인기를 얻었다.

로버트 커시너 Robert Kirshner, 1949~

미국의 천체물리학자. 하버드대학교 교수. 초신성과 우주 팽창, 우주의 구조에 관해 연구하고 있다. 하이-제트 초신성 연구팀에서 우주가 가속 팽창한다는 증거를 발견해 울프상을 수상했다(2015).

로버트 하인리히 Robert Heinlein, 1907~1988

미국의 SF작가. 영미 SF문학의 3대 거장으로 평가받는다. 해박한 지식과 뛰어난 과학적 상상력을 바탕으로 SF문학이 새로운 장르로 인정받는 데 크게 공헌했다. 휴고상을 받은 『더블스타DoubleStar』(1956), 『스타십 트루퍼스Starship Troopers』(1959)가 대표작이다. 외계인과의 전쟁이라는 독특한 소재와 미래 문명에 대한 참신한 묘사는 오늘날 『아이언맨』, 『스타크래프트』 등에 영감을 주었다.

루크레티우스 Lucretius, B.C. 94?~B.C. 55?

로마의 시인이자 유물론을 주장한 철학자. 신이 자연법칙을 주관하지 않는다고 믿었다. 대표작 『만물의 본성에 대하여De rerum natura』(B.C. 56)는 철학자 에피쿠로스가 주장한 평온한 삶과 만물은 원자로 구성되어 있다는 원자론을 찬양한 철학 시다.

르네 데카르트 René Descartes, 1596~1650

프랑스의 철학자이자 수학자, 물리학자. 근대철학의 아버지로 불린다. "나는 생각한다, 고로 나는 존재한다"라는 명언을 남겼다. 정신은 신체 없이도 독립적으로 존재할 수 있다고 주장했다. 대표작으로 『방법서설Discours de La Methode』(1637) 등이 있다.

리처드 도킨스 Richard Dawkins, 1941~

영국의 진화생물학자이자 동물행동학자. 옥스퍼드대학교에서 30여 년간 교수로 활동한 뒤 은퇴했다. 대표작 『이기적 유전자The Selfish Gene』(1976)에서 유전학적 관점으로 진화를 분석해 세계적인 명성을 얻었고, 『만들어진 신The God Delusion』(2006)을 통해 신이 없는 것은 '거의' 확실하다는 논지를 펼쳤다.

마르쿠스 테렌티우스 바로 Marcus Terentius Varro, B.C. 116~B.C. 27

고대 로마의 학자. 로마 최초의 공공도서관장. 어학, 문학, 수학, 과학 등 다양한 분야를 아우르는 연구와 집필로 '백과전서가'라는 명성을 얻었다. 육각형의 벌집이 벌의 에너지 소비를 최소화하는 가장 적절한 형태라는 '육각형 벌집 추측'을 제안했다.

마리아 스피로풀루 Maria Spiropulu, 1970~

미국의 실험물리학자. 미국 과학진흥회 회원. 인류가 존재하는 차원 이외에도 다양한 차원이 있을 수 있다는 이론인 여분차원Extra Dimensions을 연구하고 있다.

마이클 폴라니 Michael Polanyi, 1891~1976

영국의 화학자. 화학, 물리학, 경제, 철학 등 다양한 분야를 연구했다. 물리, 화학 교수로 활동하던 중 사회학, 철학으로 전향해 과학철학 저서를 집필하기도 했다. 그의 대표작 『개인적 지식 Personal Knowledge』(1958)은 과학철학 분야에서 세계적인 명저로 꼽힌다.

막스 루브너 Max Rubner, 1854~1932

독일의 생리학자. 베를린대학교와 마르부르크대학교에서 교수로 재직했다. 영양학 분야에서 활동하며 음식물의 대사를 깊이 있게 연구해, 체표면적과 기초대사량이 비례한다는 '루브너의 법칙'을 수립했다.

미셸 푸코 Michael Foucault, 1926~1984

프랑스의 철학자. 심리학, 정신병리학, 인문학, 사회과학에 능통해 다양한 이론과 담론을 남겼다. 후기구조주의 철학을 대표하는 학자로 꼽히며 인간에 대한 깊이 있는 성찰을 담은 글로 명성을 얻었다. 대표작으로 『광기의 역사L'Archéologie du Savoir』(1961), 『지식의 고고학The Archaeology of Knowledge』(1969) 등이 있다.

볼테르 Voltaire, 1694~1778

프랑스의 계몽주의 철학자. 신이 자연계를 창조한 것은 인정하나 세상사에 개입하고 있지는 않다고 주장하는 '이신론'을 제창했다. 『불온한 철학사전Dictionnaire Philosophique Portatif』(1764)이 대표작이다.

볼프강 파울리 Wolfgang Pauli, 1900~1958

미국의 이론물리학자. 중성미자의 존재 가능성을 최초로 주장했다. 그의 발견은 양자론을 체계화하고 상대성이론의 전개에 기여해, 현대 물리학 개척에 크게 공헌했다. 1945년 노벨 물리학상을 수상했다.

브랜던 카터 Brandon Carter, 1942~

영국의 이론물리학자. 프랑스 국립과학연구센터 연구원. 일반상대성이론을 연구하고 있다. '인간원리Anthropic principle'를 최초로 제안하며, 인류의 존재를 가능하게 한 매개 변수에 주목해야 한다고 주장했다.

비트리 제임스 James of Vitry, 1180~1240

프랑스의 수사신부(수도원에 소속된 신부). 신학자이자 연대기 작가로 활동했다. 프랑스와 독일 전역을 여행하며 십자군을 선발했다. 제5차 십자군전쟁에 직접 참여했고, 전쟁 중 경험한 바를 기록해 후대에 남겼다.

샘 해리스 Sam Harris, 1967~

미국의 신경과학자. 논객이자 작가로서 활동하고 있다. 종교적 도그마와 지적 설계론에 대한 비판으로 주목받았다. 대표작으로 『신이 절대로 답할 수 없는 몇 가지The Moral Landscape』(2010), 『자유 의지는 없다Free Will』(2012) 등이 있다.

셰리 터클 Sherry Turkle, 1948~

미국의 심리학자이자 사회학자. 매사추세츠공과대학교 교수. 대표작으로 『스크린 위의 삶Life on the Screen』(1995), 『외로워지는 사람들Alone Together』(2011) 등이 있다. 컴퓨터를 기반으로 한 기술의 발달이 인간의 심리에 어떠한 영향을 미치는지 연구하고 있다.

셸던 글래쇼 Sheldon Glashow, 1932~

미국의 이론물리학자. 보스턴대학교 교수. 소립자물리학을 연구했다. 전자기력과 약력을 통합한 '표준모형이론'을 제안한 업적을 인정받아 스티븐 와인버그, 아브두스 살람과 함께 노벨 물리학상을 수상했다(1979).

스티븐 와인버그 Steven Weinberg, 1933~2021

미국의 이론물리학자. 미국 텍사스대학교 오스틴캠퍼스 물리학과 교수. 1967년에 발표한 논문을 통해 물질을 구성하는 입자와 이들 사이의 상호작용을 밝힌 '표준모형이론'의 뼈대를 세웠다. 이 업적을 바탕으로 1972년에는 오펜하이머상을, 1979년에는 노벨 물리학상을 수상했다. 대표작으로 『최초의 3분The First Three Minutes』(1977)과 『최종 이론의 꿈Dreams of a Final Theory』(1992) 등이 있다.

아낙시만드로스 Anaximandros, B.C. 610~B.C. 546

고대 그리스의 철학자. 그리스 최초의 철학책 『자연에 대하여On Nature』(B.C. 460?)를 펴냈다고 알려져 있다. 원통형 모양의 지구는 정지해 있고, 천체들이 지구 주위를 돈다고 주장했다. 또한 최초의 세계 지도와 별자리 모양을 그린 천구도를 제작했으며 최초의 해시계를 발명했다.

아낙시메네스 Anaximenes, B.C. 585?~B.C. 525

고대 그리스의 철학자. 아낙시만드로스의 제자였다. 아낙시만드로스, 그리고 스승 탈레스와 함께 밀레토스 학파를 대표하는 3대 철학자로 꼽힌다. 아낙시만드로스와 같이 천체들이 지구의 가장자리를 따라 움직인다고 주장했다.

아돌프 오이겐 피크 Adolf Eugen Fick, 1829~1901

독일의 생리학자. 원자의 확산에 대해 논한 '피크의 확산법칙 1', 그리고 그것을 보완한 이론 '피크의 확산 법칙 2'를 주장해, 열역학 연구에 큰 영향을 주었다.

안드레이 린데 Andrei Linde, 1948~

미국의 이론물리학자. 스탠퍼드대학교 교수. 폴 스타인하르트, 알렉산더 빌렌킨과 함께 '영원한 급팽창이론'을 설계했다. 유럽입자물리연구소에서 근무했으며 디랙상(2002), 기초물리학상(2012)을 수상했다.

알렉산더 빌렌킨 Alexander Vilenkin, 1949~

미국의 이론물리학자. 터프츠대학교 교수. 폴 스타인하르트과 함께 '영원한 급팽창이론'을 설계했다. 이후 우주가 무無에서 탄생한 뒤 수많은 다중우주가 발생했다는 가설 '무에서 탄생한 우주A Universe from Nothing'이론을 발표했다(1983).

알렉산더 잭슨 데이비스 Alexander Jackson Davis, 1803~1892

미국의 건축가. 19세기 중반 미국 전역에 '카펜터 고딕 양식'을 유행시키며 인기를 끌었다. 참신한 아이디어로 미국 건축계를 혁신한 거장으로 꼽힌다. 건축사무소 'Town And Davis'를 설립해 19세기 미국 건축계를 주도했다.

압두스 살람 Abdus Salam, 1926~1996

파키스탄의 이론물리학자. 영국 런던임페리얼칼리지 교수였다. 소립자물리학을 연구해 전자기력과 약력을 통합한 '표준모형이론'을 제안했다. 이 업적을 바탕으로 스티븐 와인버그, 셸던 글래쇼와 공동으로 노벨 물리학상을 수상했다(1979).

앨런 구스 Alan Guth, 1947~

미국의 이론물리학자. 매사추세츠공과대학교 교수. 우주 탄생 초기에 우주가 빛의 속도보다 빠르게 팽창했다는 '급팽창이론'을 주장했다. 이 공로를 인정받아 기초물리학상(2012), 카빌상(2014)을 수상했다.

앨런 브로디 Alan Brody, 1951~

미국의 학자이자 극작가, 소설가. 매사추세츠공과대학교 교수. 20여 편의 연극에 참여한 극작가로, 로젠탈상을 수상하고(1989) 엘리엇노튼상에 노미네이트(2013)되는 등 미국 연극계에 한 획을 그었다.

에른스트 곰브리치 Ernst Gombrich, 1909~2001

영국의 미술사학자. 런던대학교 교수이자 바르부르크 문화학 연구소 소장을 역임했다. 미술사 연구 공로를 인정받아 오스트리아의 과학과 예술 분야 명예 십자 훈장(1975), 헤겔상(1976), 발잔상(1985)을 수상했다. 대표작으로 『서양미술사The Story of Art』(1945), 『곰브리치 세계사A Little History of the World』(1935) 등이 있다.

에드윈 애벗 Edwin Abbott, 1838~1926

영국의 신학자이자 교육자. 그의 대표작 『플랫랜드Flatland』(1884)는 수학소설이자 최초의 SF소설이었다. 2차원 도형들로 빅토리아 시대 계급 사회를 비판한 이 작품은 수많은 작가와 과학자들에게 영감을 주었다.

에라토스테네스 Eratosthenes, B.C. 273?~B.C. 192?

고대 그리스의 학자. 수학, 천문학, 지리학을 연구했다. 해시계를 이용해 최초로 지구 둘레의 길이를 계산했다. 또한 위도와 경도를 이용해 지리상의 위치를 최초로 표시한 사람이라고도 알려져 있다.

에피쿠로스 Epikouros, B.C. 342?~B.C. 271

고대 그리스의 철학자. '에피쿠로스학파'의 창시자. 원자들의 움직임과 상호작용으로 세상 만물이 탄생했다고 주장했다. 그는 쾌락과 고통이 선악의 척도라고 믿었다. 또한 죽음은 몸과 영혼의 종말이지만 우주는 무한하고 영원하다고 주장했다.

옌스 야코브 베르셀리우스 Jöns Jacob Berzelius, 1779~1848

스웨덴의 화학자. 세륨, 셀레늄 등 다양한 원소들을 발견했다. 원소에 알파벳 이름을 붙여 표로 작성하는 방법을 고안해 오늘날 널리 쓰이는 주기율표의 기초를 닦았다. 대표작으로 『화학 교과서Lärbok i kemien』(1808~1820)가 있다.

오거스터스 드모르간 Augustus De Morgan, 1806~1871

영국의 수학자. 런던 수학회의 창립자 중 한 명이자 초대 회장이었다. 최초로 수학적 귀납법의 개념을 사용했고 논리적 명제와 집합 연산에서의 기초 규칙인 '드모르간의 법칙'을 발견했다.

오언 깅거리치 Owen Gingerich, 1930~2023

미국의 천문학자. 매사추세츠공과대학교 교수. 복음주의 과학자들의 모임인 미국과학협회에서 활동하고 있다. 과학과 신앙을 결합한 다수의 저서를 집필했다. 대표작으로 『아무도 읽지 않은 책The Book Nobody Read』(2004)이 있다.

오언 토마스 Owen Thomas, 1922~2015

미국의 신학자. 미국신학도서관협회 회장을 역임했다. 1950년 성공회 사제로 서품을 받은 뒤 종교철학에 대한 다수의 저서를 집필했다. 『요점 조직신학Introduction to Theology』(1973)이 대표작이다.

요하네스 케플러 Johannes Kepler, 1571~1630

독일의 천문학자. 행성의 공전궤도가 원이 아닌 타원임을 밝혀냈다. 뱀주인자리에서 출현한 '케플러 신성Kepler's Nova'을 발견했고(1604), '행성운동의 제3법칙'을 발표해(1619) 행성의 공전 주기와 공전궤도 반지름과의 관계를 설명했다.

윌리스 스티븐스 Wallace Stevens, 1879~1955

미국의 시인. 변호사 출신으로 보험회사를 운영하며 시인으로 활동했다. 풍부한 이미지와 난해한 은유로 명성을 얻었으며 75세를 기념해 발행한 『시집Collected Poems』(1954).으로 퓰리처상을 수상했다(1955).

윌리엄 워즈워스 William Wordsworth, 1770~1850

영국의 시인. 낭만주의를 대표하는 작가다. 자연의 아름다움, 사랑에 대한 시로 명성을 얻었다. 연인이었던 새뮤얼 테일러 콜리지와 공동 출간한 『서정가요집In Lyrical Ballads』(1798)으로 세계적인 작가의 반열에 올랐다.

윌리엄 제임스 William James, 1842~1910

미국의 철학자이자 심리학자. 종교의 개인적 특성을 논한 저서 『종교적 경험의 다양성The Varieties Of Religious Experience』(1902)에서 종교가 '종교학'이라는 독자적 학문으로 거듭날 수 있다고 주장했다. 삶의 다양성, 주관성을 중요시한 그의 연구는 현대 종교학, 심리학, 철학에 큰 영향을 주었다.

유수프 1세 Yusuf I, 1318~1354

그라나다왕국 나스르왕조의 7번째 왕. 1333년부터 1354년까지

통치했다. 그의 통치기에 이슬람 건축의 백미로 꼽히는 알함브라 궁전 내 왕의 집무실이자 거주공간인 나스르궁전이 지어지기 시작했다. 이 궁전은 아들 무하마드 5세 때 완공되었다.

율리우스 로버트 마이어 Julius Robert Mayer, 1814~1878

독일의 의사이자 물리학자. 동인도회사에서 일하며 열대지방을 항해했다. 이 시기 외부의 기온에 따라 체내의 물질대사가 변함을 깨닫고 에너지 보존의 법칙을 발표했다. 열과 에너지의 관계를 추측한 그의 발견은 열역학 발전에 큰 영향을 주었다. 1871년 영국왕립학회에서 수여하는 코플리상을 수상했다.

이븐 살 Ibn Sahl, 940~1000

페르시아의 물리학자. 논문 「불태우는 거울과 렌즈에 관하여On Burning Mirrors and Lenses」(984)에서 굴절의 각도를 설명하는 정확한 법칙을 최초로 밝혀냈다. 그의 연구는 후대 학자들이 굴절에 대한 물리 법칙인 '스넬의 법칙Snell's law'을 발견하는 데 영향을 주었다.

이안 허친슨 Ian Hutchinson, 1951~

미국의 핵과학자이자 공학자. 매사추세츠공과대학교 교수. 과학과 신학의 관계에 대해 연구하고 있다. 과학과 기독교의 결합은 자연스럽고 필수적이라 주장한다.

일레인 하워드 에클룬드 Elaine Howard Ecklund, 1973~

미국의 사회학자. 라이스대학교 교수. 서로 다른 민족적, 국가적

배경을 지닌 과학자들이 종교, 윤리, 그리고 젠더를 이해할 때의 차이점을 연구하고 있다.

장 리셰 Jean Richer, 1630~1696

프랑스의 천문학자. 기아나(남아메리카 대륙 동북부의 프랑스령 식민지)에 파견돼 연구하던 중 지구와 화성의 거리 계산에 성공했다(1671~1673). 초진자가 움직이는 속도가 지역에 따라 다른 것을 발견해, 지구의 형태가 완전한 구체가 아닌 타원형일 것이라 최초로 추측하기도 했다.

제임스 클러크 맥스웰 James Clerk Maxwell, 1831~1879

스코틀랜드의 물리학자. 전기와 자기 현상에 대한 기초를 성립해 뉴턴, 아인슈타인과 함께 물리학에 가장 큰 영향을 끼친 학자로 평가받는다. 그가 발명한 맥스웰 방정식은 19세기 물리학이 이룬 가장 큰 성과로 꼽힌다.

조 인칸델라 Joe Incandela, 1956~

미국의 입자물리학자. 캘리포니아대학교 샌타바버라캠퍼스 물리학 교수. 힉스 입자 연구팀을 이끌며 "강입자가속기 충돌 실험을 통해 확보한 데이터에 따르면 힉스 입자를 '발견'했다고 확언할 수 있다"라고 발표해, 힉스 입자의 존재를 확실시했다. 이 업적으로 기초물리학상 특별상을 수상했다(2012).

조지 쿡 George Cooke, 1793~1849

미국의 화가. 초상화와 풍경화를 주로 그렸다. 부인과 함께 미국을 떠돌며 유명인사와 평범한 사람 모두를 대상으로 작품 활동을 해 부와 명성을 얻었다. 대표작으로 「탈룰라폭포Tallulahfalls」(1841)가 있다.

존 밀턴 John Milton, 1608~1674

영국의 시인. 셰익스피어가 극시에 집중한 것에 반해 밀턴은 서사시 분야에 집중했다. 청교도혁명이 좌절되고 시각장애인이 된 뒤, 인간의 원죄原罪와 그 죄로 인한 낙원 상실의 비극을 다룬 그의 대표작 『실낙원Paradise Lost』(1667)을 집필했다.

찰스 하지 Charles Hodge, 1797~1878

미국의 신학자. 19세기 세계적으로 인정받는 기독교 명저 중 하나인 『조직신학Systematic Theology』(1872~1873)을 집필했다. 칼뱅주의 전통을 계승했으며 프린스턴 신학을 주창한 학자로, 3000여 명의 학생을 가르쳐 후대의 복음주의, 근본주의 신학자들에게 큰 영향을 미쳤다.

캐서린 파크 Katharine Park, 1950~

미국의 과학 역사가. 하버드대학교 교수. 역사 속의 성性과 여성의 몸, 중세 유럽사 등을 주제로 인간과 여성, 과학에 대해 연구하고 있다.

클라이드 카원 Clyde Cowan, 1919~1974

미국의 물리학자. 조지워싱턴대학교 교수였다. 동료 프레더릭 라이너스와 함께 중성미자를 발견해 볼프강 파울리의 이론을 증명했다. 1995년 노벨 물리학상을 수상했다.

타고르 Tagore, 1861~1941

인도의 시인. '신에게 바치는 송가'라는 제목의 시집 『기탄잘리 Gitanjali』(1912)의 문학적 가치를 인정받아 아시아인 최초로 노벨문학상을 수상했다. 범신론적 사상을 드러내는 작품들로 19~20세기 인도 문학계를 주도했고 인도 독립운동에 참여했다.

토머스 콜 Thomas Cole, 1801~1848

미국의 화가. 낭만적 사실주의의 창시자이며 미국 풍경화가 그룹인 허드슨 리버 화파 결성을 주도했다. 자연의 아름다움을 종교적인 색채로 그려내 명성을 얻었다. 대표작으로는 「캐츠킬의 강River in the Catskills」(1837), 「먼 곳에서 본 나이아가라폭포 DistantView of Niagara Falls」(1830) 등이 있다.

토머스 해일스 Thomas Hales, 1958~

미국의 수학자. 피츠버그대학교 교수. 고대 로마의 학자 마르쿠스 테렌티우스 바로의 '육각형 벌집 추측', 그리고 독일의 수학자 요하네스 캐플러의 '캐플러의 추측'을 세계 최초로 증명했다(1999). 컴퓨터 소프트웨어로 수학적 증명의 정확도를 검증하는 프로젝트 '플라이스펙flyspeck'을 고안해 성과를 거두었다(2003).

폴 스타인하르트 Paul Steinhardt, 1952~

미국의 이론물리학자. 프린스턴대학교 교수. 끊임없이 우주를 변화시키는 암흑에너지로 인해 새로운 우주들이 발생하는 빅뱅

이 반복되어 무수한 다중우주가 발생한다는 '영원한 급팽창이론'을 주장했다. 앨런 구스의 '급팽창이론'을 발전시킨 이 이론을 제창한 업적을 인정받아 앨런 구스, 안드레이 린데와 함께 디랙상을 수상했다(2002).

표도르 도스토옙스키 Fyodor Dostoevskii, 1821~1881

19세기 러시아 문학을 대표하는 소설가이자 사상가. '넋의 리얼리즘Spirits of realism'이라는 방법으로 20세기 문학과 철학에 큰 영향을 미쳤다. 대표작으로 『지하생활자의 수기Notes from Underground』(1864), 『죄와 벌Crime and Punishment』(1866), 『카라마조프의 형제들The Brothers Karamazov』(1879~1880) 등이 있다.

프랜시스 콜린스 Francis Collins, 1950~

미국의 생물학자. 현 미국 국립보건원 원장. 휴먼 게놈 프로젝트를 이끌어 게놈 지도를 완성했다(2003). 진화생물학적 관점에서 과학과 신앙의 공존을 주장한 『신의 언어The Language of God』(2006)가 대표작이다.

프레더릭 라이너스 Frederick Reines, 1918~1998

미국의 물리학자. 로스앨러모스 국립연구소 연구원이었다. 동료 클라이드 카원과 함께 중성미자를 발견해 볼프강 파울리의 이론을 증명했다. 1995년 노벨 물리학상을 수상했다.

프레스콧 줄 Prescott Joule, 1818~1889

영국의 물리학자. 열역학 제1법칙이라는 에너지 보존의 법칙을 발견했다. 물체에 가해진 역학적 일의 양만큼 그 물체의 에너지가 증가함을 밝혔고, 이 연구를 통해 1866년 영국왕립학회에서 수여하는 코플리상을 수상했다.

피에르시몽 라플라스 Pierre-Simon Laplace, 1749~1827

프랑스의 수학자이자 과학자. 대표작인 『천체역학Mécanique céleste』(1799~1825)에서 당대의 물리학을 집대성해 수리물리학 발전에 큰 영향을 끼쳤다. '라플라스 변환', '라플라스 방정식' 등을 개발했다.

피터 힉스 Peter Higgs, 1929~2024

영국의 이론물리학자. 에든버러대학교 교수. 입자가 지닌 질량의 근원을 연구하던 중 다른 입자에 질량을 부여하고 사라지는 입자가 존재한다는 가설을 제시했고, 그의 이름을 따 '힉스 보손Higgs boson'이라고 명명했다. 2012년 유럽입자물리학연구소에 의해 이 입자의 존재가 확인되자 노벨 물리학상을 수상했다(2013).

하인리히 헤르츠 Heinrich Hertz, 1857~1894

독일의 물리학자. 라디오 등에 사용되는 주파수 단위를 표현할 때 쓰는 '헤르츠'는 그의 이름에서 따온 것이다. 라디오파를 만들어 내는 송신기와 수신기를 고안해 최초로 전자기파의 존재를 입증했다. 그의 발견은 무선통신 개발의 토대가 되었다.

헨리 데이비드 소로 Henry David Thoreau, 1817~1862

미국의 사상가이자 문학가. 초절주의 문학가 랠프 월도 에머슨의 제자로, 직접 전원에서 생활하며 자연의 아름다움을 노래한 작품 『월든Walden』(1854)으로 큰 반향을 일으켰다. 그는 자신을 '신비주의자', 혹은 '자연철학자'라 칭했다.

헨리에타 레빗 Henrietta Leavitt, 1868~1921

미국의 천문학자. 하버드대학교 부속 천문대에서 소마젤란은하의 세페이드 변광성을 연구해 겉보기 등급과 변광주기의 관계를 밝혀냈다. 당대에는 주목받지 못했으나, 훗날 과학자들이 지구와 멀리 떨어진 은하들 사이의 거리를 밝히는 데 큰 영향을 주었다.

미주

1. 우연의 우주

1 2011년 5월 9일과 2011년 7월 28일에 저자와 했던 인터뷰에서 앨런 구스가 한 말이다.

2 2011년 7월 28일에 저자와 했던 인터뷰에서 스티븐 와인버그가 한 말이다.

3 프랜시스 콜린스. 2011년 6월 16일에 페퍼다인대학교에서 개최된 '기독교학자 제31차 학술대회' 연례회의에서 언급한 말이다. 다음 자료에서 인용했다. *Christian Post*, June 21, 2011.

4 로버트 커시너. 미국 국립과학재단(National Science Foundation) 심포지엄에서 언급한 말이다. "Ground Based Astronomy in

the 21st Century", Omni Shoreham Hotel, Washington, DC, October 7~8, 2003.

2. 대칭적 우주

1 조 인칸델라. 다음 자료에서 인용했다. Paul Rincon, "Higgs Boson-Like Particle Discovery Claimed at LHC", BBC News, July 4, 2012. 이 자료는 다음 사이트에서 구할 수 있다. http://www.bbc.co.uk/news/world-18702455.

2 Steven Weinberg, *Dreams of Final Theory* (New York: Pantheon, 1922), p. 142, 165.

3 I. Rodriguez et al., "Symmetry Is in the Eye of the Beeholder: Innate Preference for Bilateral Symmetry in Flower-Naive Bumblebees", *Naturwissenschaften* 91 (2004): 374-77.

4 Charles Darwin, "Sense of Beauty", in *The Descent of Man* (New York: D.Appleton and Company, 1871), p. 61.

5. E. H. Gombrich, *The Sense of Order*, 2nd ed. (London: Phaidon, 1984), p. 9.

3. 영적 우주

1 2011년 7월 10일에 저자와 했던 인터뷰에서 앨런 브로디가 한 말이다.

2 God's Activity in the World: *The Contemporary Problem*, ed. Owen Thomas(Chico, CA: Scholars Press, 1983).

3 Charles Hodge: Charles Hodge, *Systematic Theology*, vols. 3 (1871-73; Peabody, MA: Hendrickson Publishers, 1999).

4 A recent study by the Rice University sociologist Elaine Howard Ecklund: Elaine Howard Ecklund, *Science vs. Religion: What Scientists Really Think* (Oxford: Oxford University Press, 2010).

5 Francis Collins, *Newsweek*, December 20, 2010.

6 2011년 7월 7일에 저자와 했던 인터뷰에서 이안 허친슨이 한 말이다.

7 2011년 7월 7일에 저자와 했던 인터뷰에서 오언 깅거리치가 한 말이다.

8 Rainer Maria Rilke, *Letters to a Young Poet*, trans. M. D. Herter Norton, rev. ed. (New York: W. W. Norton, 1993), letter 4, July 16, 1903.

9 리처드 도킨스. 1992년 4월 15일에 에든버러 국제과학페스티벌 연설에서 한 말이다. Published in *The Independent*, April 20, 1992.

10 Richard Dawkins, *The Guardian*, October 11, 2001.

11 Willian James, *Varieties of Religious Experience* (1902: BiblioBazaar, 2007), p. 60.

12 Ibid., p. 71.

13 Ibid., p. 77.

14 Michael Polanyi, *Personal Knowledge* (Chicago: University of Chicago Press, 1958).

15 John Milton, *Paradise Lost*, Book VII. 다음 자료도 참고하기 바

란다. vol. 4 of the Harvard Classics edition (Cambridge, MA, 1909-14), p. 245.

4. 거대한 우주

1 이 글과 이후 가스 일링워스가 언급한 내용은 2012년 2월 11일에 저자와 했던 인터뷰에서 한 말이다.

2 다음 자료에서 참고했다. James D. Muhly, "Ancient Cartography: Man's Earliest Attempts to Represent His World". 이 자료는 다음 사이트에서 구할 수 있다. http://www.penn.museum/documents/publications/expedition/PDFs/20-2/Ancient%20Cartography.pdf. 다음 자료도 참고하기 바란다. "History of Cartography", at http://en.wikipedia.org/wiki/History_of_cartography.

3 Ralph Waldo Emerson, "Nature". 다음 자료도 참고하기 바란다. vol. 5 of the Harvard Classics edition (Cambridge, MA, 1909-14), p. 228.

4 지구의 질량은 6×10^{27}그램이다. 지구에 존재하는 생물의 생물량은 약 6×10^{17}그램이다. 사례는 다음 자료를 참고하기 바란다. William B. Whitman, David C. Coleman, and William J. Wiebe, "Prokaryotes: The Unseen Majority". *Proceedings of the National Academy of Sciences* 95, no. 12 (1998): 6578-83. 가시적 우주에서 생명의 형태로 존재하는 질량의 비율을 구하기 위해 나는 우리 태양이 2×10^{33}그램 정도의 질량을 갖는 평균적 항성

이라고 가정했다. 그리고 모든 항성 중 3퍼센트 정도가 생명체 거주 가능 행성을 거느리고 있다고 가정했다.

5. 덧없는 우주

1 캘리포니아 퍼시피카의 사진은 다음 사이트에서 확인할 수 있다. http://mira images.photoshelter.com/image/I0000dJXI5vwD7QQ.

2 Willian Shakespeare, *Julius Caesar*, III, i, 60-62.

3 우주의 아주 긴 시간 척도에 관한 천체물리학적 계산은 다음 자료를 참고하기 바란다. Freeman Dyson, "Time Without End", *Reviews of Modern Physics* 51, no. 3 (July 1979): 447-60.

4 *Digha Nikaya, Mahaparinibbana Sutta*, trans. Sister Vajira and Francis Story (Kandy, Sri Lanka: Buddhist Publications Society, 1998), p. 16.

5 Arthur Schopenhauer, *On the Freedom of the Will* (1839): "Der Mensch kann tun was er will; er kann aber nicht wollen was er will".

6. 법칙의 우주

1 O. R. Gurney and S. N. Kramer, "Two Fragments of Sumerian Laws", *Assyriological Studies*, no. 16 (April 21, 1965): 13-19. "Code

of Ur-Nammu". 이 자료는 다음 사이트에서 참고했다. http://en.wikipedia.org/wiki/Code_of_Ur-Nammu.

2 마리아 스피로풀루. 다음 자료에서 인용했다. Dennis Overbye, "Physicists Find Elusive Particle Seen as Key to Universe", *New York Times*, July 4, 2012.

3 Lucretius, *De rerum natura*, trans. and ed. W. H. D. Rouse and M. F. Smith, Loeb Classical Library (Cambridge, MA: Harvard University Press, 1982), Book I, lines 146-58.

4 Ibid., Book III, line 136-39.

5 Ibid., Book III, line 830.

6 2011년 7월 7일에 저자와 했던 인터뷰에서 오언 깅거리치가 한 말이다.

7 Archimedes, "On Floating Bodies". 다음 사이트에서 참고했다. www.archive.org/stream/worksofarchimede00arch#page/256/mode/2up.

8 다음 자료에서 참고했다. "The First Steps for Learning Optics: Ibn Sahl's, Al-Haytham's and Young's Works on Refraction as Typical Examples", in Mourad Zghal et al., *Education and Training in Optics and Photonics*, OSA Technical Digest series (Optical Society of America, 2007). 다음 사이트도 참고했다. http://en.wikipedia.org/wiki/Ibn_Sahl and also http://spie.org/etop/2007/etop07fundamentalsII.pdf.

9 Isaac Newton, *The principia*, vol. 2, trans. I. Bernard Cohen et al. (1687; Berkeley: University of California Press, 1999), pp. 544-45.

10 Isaac Newton, *Optiks* (1704), Book III, Part 1. 다음 자료에서

참고했다. *Great Books of the Western World*, vol. 34 (Chicago: University of Chicago Press, 1952), p. 540, 542.

11 피에르 시몽 라플라스. 다음 자료에서 인용했다. Augustus De Morgan, "On Some Philosophical Atheists", in *A Budget of Paradoxes*, vol. 2 (London: Longman, Greens, 1872). 다음 사이트도 참고하기 바란다. http://en.wikisource.org/wiki/Budget_of_Paradoxes/J.

12 Pauli Archive, CERN, Geneva, Switzerland. 원본은 다음 사이트에서 참고했다. http://www.library.ethz.ch/exhibit/pauli/neutrino_e.html. 영어 번역본은 다음 사이트를 참고하기 바란다. http://www.pp.rhul.ac.uk/~ptd/TEACHING/PH2510/pauli-letter.html.

13 In their excellent book *Wonders and the Order of Nature*: Lorraine Daston and Katharine Park, *Wonders and the Order of Nature*, 1150-1750 (Cambridge, MA: Zone Books, 1998).

14 David Hume, "Of Miracles", in *An Enquiry Concerning Human Understanding* (1748). 다음 자료에서 참고했다. the Harvard Classics edition, vol. 37 (Cambridge, MA: Harvard University Press, 1909-14), p. 404.

15 Michel Foucault, *Foucault Live: Interview* (1961-84), trans. John johnston, ed, Sylvere Lotinger (New york: Semiotext[e], 1989). pp. 198-99.

16 Wallace Stevens, "The Figure of the Youth as Virile Poet", in *The Neccessary Angel: Essays on Reality and the Imagination* (London: Faber & Faber, 1960), p. 58.

17 Pew Research Center Forum on Religion and Public Life, December 2009, http://www.pewforum,org/Other-Beliefs-and-Practices/Many-Americans-Mix-Multiple-Faiths.aspx#5.

18 Jöns Jacob Berzelius, translated and quoted in Henry M. Leicester. "Berzelius", *Dictionary of Scientific Biography*, vol. 2 (New York: Scribner's, 1981), p. 96a.**19** Fyodor Dostoevsky, *Notes from Underground* (1864), trans. Richard Pevear and Larissa Volokhonsky (New York: Vintage, 1993), pp. 21-22, 30-31.

20 Albert Einstein, "The World as I See It", *Forum and Century* 84 (1931): 193-94; reprinted in Albert Einstein, *Ideas and Opinions* (New York: Modern Library, 1994), p. 11.

7. 분리된 우주

1 푸코의 진자 실험 이전에는 지구가 자전한다는 증거가 간접적이고 비국소적인 증거밖에 없었다. 1736~1737년에 피에르-루이 모페르튀이(Pierre-Louis Maupertuis)는 지구 양극의 모양을 측정해 지구가 완벽한 구체에 비해 상대적으로 납작하다는 것을 증명해 보였다. 1740년대에는 샤를 마리 드 라콩다민(Charles Marie de la Condamine)과 피에르 부게(Pierre Bouguer)가 지구의 적도 지역을 측정해 이 부위가 완벽한 구체에 비해 상대적으로 불룩하게 나와 있음을 증명해 보였다. 이런 변형된 모양은 완전히 단단하지 않은 구체가 회전할 때 생긴다.

2 푸코의 일기는 다음 자료에서 찾아볼 수 있다. William Tobin, *The Life and Science of Léon Foucault* (Cambridge: Cambridge University Press, 2003), p. 139.

3 *The Life and Science of Léon Foucault*, p. 15, 18. 이 책의 '참고문헌'도 참고하기 바란다.

4 Terrien, *Le National*, February 19, 1851. 다음 자료도 참고하기 바란다. Tobin, *The Life and Science of Léon Foucault*, p. 141.

5 Terrien, *Le National*, February 19, 1851.

6 David G. Luenberger, *Information Science* (Princeton, NJ: Princeton University Press, 2006), p. 355. 다음 자료도 참고하기 바란다. Heinrich Hertz, *Electric Waves*, trans. D. E. Jones (1900; New York; Dover, 1962)

7 Niels Bohr, *Nature Supplements*, April 14, 1928.

8 Marguerite Reardon, "Americans Text More Than They Talk", http://news.cnet.com/8301-1035_3-10048257-94.html.

9 The Pew Research Center's Internet and American Life Project, April 26-May 22, 2011, Spring Tracking Survey.

10 Leonara in Sherry Turkle, *Alone Together* (New york: Basic Books, 2011), p. 189.

11 Henry David Thoreau, "Where I Lived and What I Lived For", in *Walden* (1854; New York: W. W. Norton, 1951), p. 109.

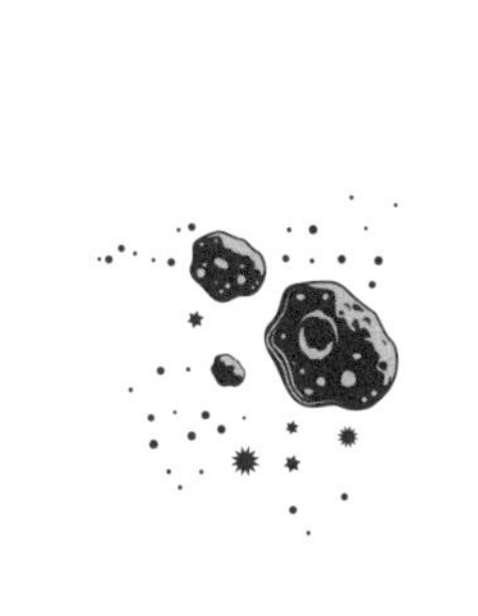

삶을 아름답고 풍부하게 만드는 7가지 우주에 관하여

우리에게는 다양한 우주가 필요하다

초판 1쇄 발행 2016년 4월 18일
개정증보판 1쇄 인쇄 2025년 3월 6일
개정증보판 1쇄 발행 2025년 3월 13일

지은이 앨런 라이트먼
옮긴이 김성훈

펴낸이 김선식
부사장 김은영
콘텐츠사업본부장 임보윤
책임편집 임지원 **책임마케터** 이고은
콘텐츠사업8팀장 전두현 **콘텐츠사업8팀** 김민경, 장종철, 임지원
마케팅2팀 이고은, 배한진, 양지환, 지석배
미디어홍보본부장 정명찬
브랜드홍보팀 오수미, 서가을, 김은지, 이소영, 박장미, 박주현
채널홍보팀 김민정, 정세림, 고나연, 변승주, 홍수경
영상홍보팀 이수인, 염아라, 석찬미, 김혜원, 이지연
편집관리팀 조세현, 김호주, 백설희 **저작권팀** 성민경, 이슬, 윤제희
재무관리팀 하미선, 임혜정, 이슬기, 김주영, 오지수
인사총무팀 강미숙, 이정환, 김혜진, 황종원
제작관리팀 이소현, 김소영, 김진경, 최완규, 이지우
물류관리팀 김형기, 김선진, 주정훈, 양문현, 채원석, 박재연, 이준희, 이민운
외부스태프 디자인 형태와내용사이

펴낸곳 다산북스 **출판등록** 2005년 12월 23일 제313-2005-00277호
주소 경기도 파주시 회동길 490 다산북스 파주사옥 3층
전화 02-704-1724 **팩스** 02-703-2219 **이메일** dasanbooks@dasanbooks.com
홈페이지 www.dasanbooks.com **블로그** blog.naver.com/dasan_books
용지 스마일몬스터 **인쇄 및 제본** 한영문화사 **코팅·후가공** 평창피엔지

ISBN 979-11-306-6417-0 (03400)